조세와 통계

홍성훈

Taxation and Statistics

박영사

책을 내면서

통계학을 한 학기 동안 배우면서, 또는 가르치면서, 통계적 추론의 기초가 되는 개념과 이론을 모두 다룰 수 있을까? 통계학 이론을 바탕으로 자료를 관리하고 분석하는 실습도 함께 할 수 있을까? 가상의 자료가 아니라, 실제로 누군가 관찰하여 기록한 자료를 이용하여, 이론을 배워야 하는 맥락을 설명하고, 실습을 통해 자료로부터 배우는 경험을 전달할 수 있을까?

지난 5년 동안 통계를 배우고 가르치면서 이러한 물음을 끊임없이 되뇌었다. 아마 정답은 없겠지만, 경험과 시행착오로부터 다음과 같이 깨달았다. 한 학기 동안 통계의 기초를 공부하면서 실습까지 다루려면, 이론을 10주 이내로 배워야 한다. 이 정도의 기간에 통계적 추론의 기초를 다지려면, 정말 중요한 것에만 집중해야 한다. 통계량, 선형 회귀, 최소자승법, 표본분포, 유의성 검정에 집중한다. 통계학, 계량경제학 전공자라면 여러 학기 동안 중요하게 다뤘을 확률론, 분포함수, 변수변환, 행렬연산, 표본추출 등까지 모두 다룰 여유가 우리에게는 없다. 이러한 내용은 필요한 경우에만 직관적으로 소개한다.

표본 추출 과정이나 자료의 대표성 문제를 크게 고민하지 않으면서 자료를 이용하려면, 공신력이 있는 자료를 이용해야 한다. 국세청에서 제공하는 행정자료인 소득세 표본자료를 이용한다. 실제로 사람들이 선택하고 행동한 결과를 소득금액, 납세액 등으로 자료에서 관찰할 수 있다. 소득세 신고로부터 자료를 추출하기 때문에, 사람들의 기억이나 상상에 의존하는 자료가 아니며, 완전히 가상적으로 컴퓨터가 만들어낸 자료는 더욱 아니다. 나중에 이야기하겠지만, 소득세 표본자료에도 가상의 관측치가 아주 일부 포함되어 있다. 자료 구조와 변수 정의에 아쉬운 점이 전혀 없는 것도 아니다. 그럼에도 불구하고, 통계의 기초 개념을 설명하고, 자료 분석을 실습하는 데, 이만한 자료를 찾기는 어렵다.

학부와 대학원에서 번갈아 가며 조세통계라는 과목을 강의하였다. 처음에는 경제학 전공 과목 중 경제통계, 또는 경영학 전공 과목 중 경영통계와 비슷한 과목이라 여기고 시작하였는데, 나중에 보니 두 가지 중요한 차이점이 있었다. 조세통계 다음에 이어서 배울, 고급 통계를 다루는 전공 과목이 없고, 세무학과와 세무전문대학원의 복합적인 전공 구성을 고려할 때 조세통계를 굳이 수강할 이유도 없다는 것이다. 그래서 한 학기 동안 통계학의 기초를 모두 훑으면서도, 수강생들이 힘들거나 지루하지 않도록 틈틈이 학습의 동기를 부여할 필요가 있었다. 그래서 가능하면 조세 제도 및 정책과 관련된 예를 제시하려고 노력하였다. 그리고 국세청 소득세 표본자료를 비롯한 실제 자료를 이용하고, Python, R, Stata 등의 프로그램에 코딩하면서 학습하도록 계획하였다.

조세통계의 강의노트를 준비하고, 학기마다 강의하며 내용을 더하여, 이 책을 쓰기에 이르렀다. 처음 강의노트를 준비하면서 서울대 류근관 교수님의 통계학 교과서를 참고하였고, 학창 시절을 거치며 쌓아둔 여러 은사님들의 강의노트에서도 영감을 받았다. 조세통계 수업에서 학생들은 질문을 하거나 지루한 표정을 짓거나 시험 문제에 오답을 쓰면서 내가 무엇을 더 설명해야 하고 그만 설명해야 하는지 알 수 있도록 도왔다. 박영사 장규식 팀장님과 탁종민 과장님은 졸고가 멋진 책으로 탈바꿈하도록 출판 과정에서 도움을 주었다. 이 책을 쓰면서 2023년도 서울시립대학교 기초·보호학문 및 융복합 분야 R&D 기반 조성 사업에 의하여 지원을 받았다. 집필하는 과정에서 도움을 받은 모든 분들께 감사하다는 말씀을 드리고 싶다.

2025년 8월

홍성훈

목차

CHAPTER

01

통계를 배우는 이유

CHAPTER

02

변수, 분포, 히스토그램

CHAPTER

03

통계량

CHAPTER

04

확률변수와 정규분포

CHAPTER

05

상관관계

CHAPTER

06

회귀분석

CHAPTER

07

기댓값과 표준오차

CHAPTER

08

표본분포

CHAPTER

09

유의성 검정

CHAPTER

01

통계를 배우는 이유

XAT

CHAPTER

01

통계를 배우는 이유

통계학을 배우는 이유에 대해 생각해 본다. 그리고 관심 대상 중 일부를 관찰하여 기록한 표본 자료를 바탕으로 모든 대상에 대해 추론하는 작업의 의미와 한계에 대해 생각해 본다.

1 통계학을 공부하는 목적

통계학을 전공하지 않지만 통계학을 공부하는 목적은 무엇일까? 통계학을 공부하는 목적을 크게 세 가지로 구분해서 생각해 볼 수 있다.

첫째, 통계학 지식을 이용해서 수치 자료를 분석하고 해석하는 방법을 배운다. 이를 바탕으로 더 나은 의사 결정을 내릴 수 있도록 한다.

둘째, 통계학을 이용하여 이론 모형의 타당성을 평가할 수 있도록 한다. 이론이 현실과 일치하는지 여부, 또는 이론을 바탕으로 미래를 예측할 수 있는 가능성을 확인한다.

셋째, 정책 또는 제도 변화의 효과를 분석하고 평가하는 데 통계학을 이용한다. 이론적인 효과만을 주장하는 것이 아니라, 자료로 기록된 실제적인 효과를 측정하고 평가한다.

사회과학, 경제학, 재정학 분야의 지식이 종종 상상과 논리에만 치우치거나, 일반성 또는 다른 경우로의 응용 가능성이 없는 자료 묘사에만 치우치기도 한다. 이론과 현실 사이에서 균형을 유지하려면, 엄밀한 논리에 입각하여 모형을 수립하고, 그런 모형의 예측을 현실 자료를 통해 검증할 수 있어야 한다. 이러한 모형 검증의 예로 다음과 같은 질문들을 생각해 볼 수 있다.

정부가 세율을 인하하면 조세 수입이 증가하는가? 세율 관련해서 종종 언급되는 래퍼 곡선(Laffer curve) 이론이 현실에서 나타나는지 확인할 수 있다. 만약 세율과 조세 수입 사이에서 단봉(∩) 모양의 래퍼 곡선을 관찰한다면, 정부가 지나치게 높은 세율을 인하하여 조세 수입을 늘릴 수 있다.

정부가 소득세를 더 과세하면 노동 공급이 감소하는가? 노동 공급 곡선의 형태에 대한 이론을 실제 자료로부터 검증할 수 있다. 만약 후방굴절하는(backward-bending) 노동 공급 곡선을 관찰한다면, 적어도 소득이 충분히 높은 구간에서는 소득세를 더 과세하여 세후 임금률이 하락하더라도 노동 공급이 감소하지 않을 것이다. 임금률 구간에 따라 노동 공급에 미치는 영향이 다르다면, 이런 경향을 소득세를 설계할 때 감안해야 한다.

정책에 대한 논의가 종종 개별 경험담이나 소수의 사례로부터 지나치게 영향을 받는 경우가 있다. 그런 편향을 극복하려면, 체계적으로 수집한 자료로부터 통계적 추론을 바탕으로 정책의 효과를 분석할 수 있어야 한다. 그러한 예로 다음과 같은 질문들을 생각해 볼 수 있다.

최저임금 인상이 고용 또는 평균 임금 수준에 영향을 미치는가? 정부가 최저임금을 인상한 이후 고용이 감소하여 실업률이 증가하였는지, 평균 임금은 상승하였는지, 어느 집단에서 그런 현상이 나타나는지 관측 자료를 통해 확인하고 제도를 설계할 때 반영해야 한다.

담배소비세 인상이 흡연에 영향을 미치는가? 정부가 담배에 부과하는 세금을 인상하면 국민들의 흡연량이 감소하거나 건강 상태가 변화하는지 평가한다. 만약 특정한 흡연자 집단에서만 그러한 효과가 나타나고, 다른 집단에서는 나타나지 않는다면, 세금 인상을 보완할 방법을 고안해야 한다.

조세조약 체결이 해외직접투자를 유인하는가? 정부가 조세조약을 체결하면, 구체적으로 어느 국가와 어떤 조건으로 협상하여 조약을 체결하면, 상대방 국가와의 경제 교류, 즉 직접투자, 인력이동 등이 영향을 받는가? 조세조약, 해외직접투자, 국제이주 등에 대한 자료로부터 실증적인 관련성을 확인하여 조약을 협상할 때 참고해야 한다.

2 통계학의 종류

통계학의 종류를 크게 두 가지로 구분해서 생각해 볼 수 있다.

첫째, 기술통계학(descriptive statistics)에서는, 수치 자료의 특징을 나타내기 위해 각 변수 별로, 또는 변수 조합 별로, 몇 개의 숫자로 그 특징을 요약한다. 이때 이용하는 숫자들을 흔히 요약 통계량(summary statistics) 또는 기술 통계량이라고 부른다. 평균, 표준편차, 상관계수 등이 우리가 자주 이용하는 통계량의 예이다.

둘째, 추론통계학(inferential statistics)에서는, 관찰한 표본(sample) 자료를 바탕으로 미처 관찰하지 못한 세상의 진실한 상태에 대해 추측한다. 우리가 관찰하고 싶지만 미처 관찰하지 못하는 넓은 세상을, 흔히 모집단(population)이라고 부른다. 세상의 진실한 상태를 추측하는 과정에서 종종 우리는 우리가 관찰한 값이 얼마나 통계적으로 의미가 있는 것인지 알고 싶기 때문에 유의성 검정(significance test)을 수행하여 그 결과를 살핀다.

3 모집단과 표본

모집단이란, 우리가 관심을 갖고 있는 대상의 전체 집합을 의미한다. 모집단에 대해 관심을 갖고 있지만, 종종 여러 현실적이거나 경제적인 제약 때문에 모집단의 대상에 대해 일일이 관찰하여 기록하는 것은 거의 불가능하다. 그러므로, 대부분의 경우에, 우리는 모집단의 작은 일부만을 관찰하여 자료로 남긴다. 이러한 과정에서 선택한 모집단의 일부를 표본이라고 부른다.

어떤 조세정책의 효과를 살펴보기 위해서는 모든 납세자들이 그 정책 시행의 전후로 어떤 행동의 변화를 보이는지 살펴봐야 할 것이다. 이러한 맥락에서 모집단은 모든 납세자들의 집합이고, 표본은 모든 납세자들의 집합에서 선택된, 모집단의 부분 집합이 된다.

모집단의 특징을 숫자로 나타낸 것을 모수(parameter)라고 부른다. 모집단의 평균, 모집단의 표준편차 등이 모수의 예이다.

한편 표본의 특징을 숫자로 나타낸 것을 표본 통계량(sample statistics)이라고 부른다. 표본평균, 표본표준편차 등이 표본 통계량의 예이다. 현실에서 우리가 관찰할 수 있는 값들은 대부분 어떤 표본의 값이고, 표본통계량에 해당한다. 그래서 종종 표본을 생략하고, 표본평균, 표본표준편차 대신에 평균, 표준편차라고 부르기도 한다.

소득세 공제 제도 변화의 효과를 측정하기 위해, 모든 납세자들의 실효세율을 평균 값으로 구한다면, 그 값은 모수의 예가 될 것이다. 일부 납세자들을 선택하여, 달리 말하면, 추출하여, 실효세율의 평균 값을 구한다면, 표본통계량 중 하나인 표본평균이 될 것이다.

그런데 모든 납세자들의 행동 변화를 일일이 관찰하는 것은 예산, 인력, 시간 등의 제약을 고려할 때 현실적으로 불가능하다. 모든 납세자들 중에서 작은 일부를, 예를 들어 1천 명 정도, 무작위로 추출하여 그들의 행동 변화를 관찰하여 기록하는 것은 가능할 수 있다. 조세정책의 효과를 측정하는 데 있어, 우리가 정말로 궁금한 것은 모수, 또는 모수의 변화이다. 하지만, 현실적으로 모집단을 알 수 없기 때문에, 그 일부인 표본에서 통계량, 또는 통계량의 변화를 측정한다. 그리고 앞으로 배울 통계학 지식을 활용하여, 표본통계량을 바탕으로 모수의 진실한 값, 또는 그 값이 있을 만한 구간에 대해 추론한다.

모집단에서 일부를 추출한 것이 표본이다. 이러한 표본의 통계량으로부터 모집단의 특성, 즉 모수에 대해 추론한다. 통계학에서는 표본 자료를 수집, 정리, 요약하고, 이를 바탕으로 그 자료의 모집단에 대해 짐작, 추측하는 작업을 수행한다. 앞으로 별다른 설명이 없다면, 자료란 표본 자료를 의미한다. 그렇지 않은 경우에만 모집단 자료라고 명시할 것이다.

그림 1-1 모집단과 표본

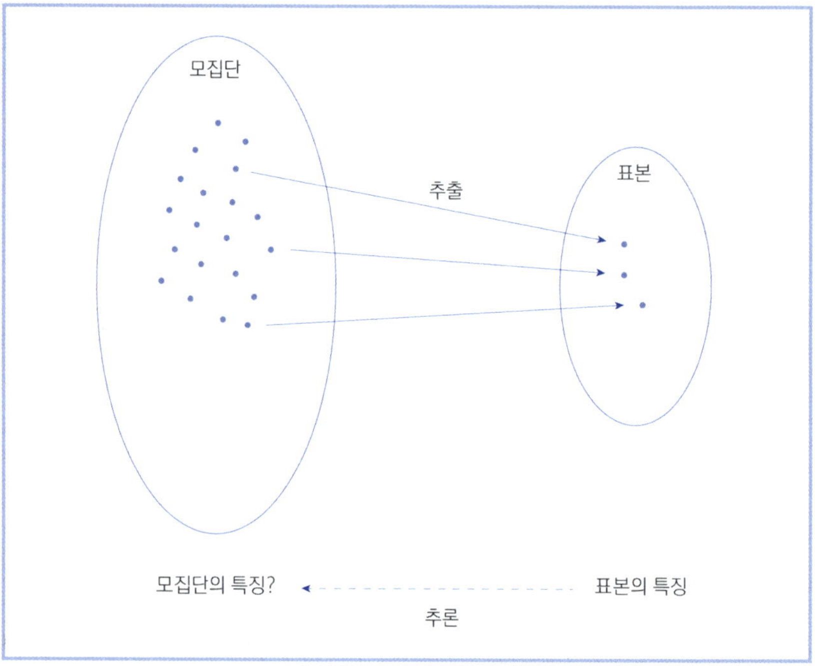

4 자료의 종류

횡단면 자료(cross-sectional data)에서는 한 시점에 여러 대상들을 관찰하여 기록한다. 반면 시계열 자료(time-series data)에서는 한 대상을 여러 시점에 걸쳐 관찰하여 기록한다. 패널 자료(panel data)에서는 여러 대상들을 여러 시점에서 관찰한다.

요즘 연구에서는 주로 패널 자료를 이용한다. 패널 자료를 구하기 어려운 경우, 제한적으로 횡단면 또는 시계열 자료를 이용한다.

패널 자료의 예로, 법인별 연도별 재무제표 자료를 생각해 볼 수 있다. 마찬가지로 개인별 연도별 납세 자료도 패널 자료의 예가 될 것이다. 하지만, 개인정보보호를 위해 납세 자료를 온전한 패널 자료의 형태로 구하기는 어려운 점이 있다.

관찰 대상이 개인 단위가 아니라 조금 더 큰 범주라면, 패널 자료를 구축하기 용이할 수도 있다. 예를 들어, 국가 간 조세조약 체결 여부 및 제한세율에 대한 자료를 연도별로 구축할 수 있을 것이다. 또는 기업집단의 계열사 소유구조 자료도 연도별로 구축하여 패널 자료로 만들 수 있다.

5 실험 연구와 경험 연구

이상적인 실험 연구란 무엇인가? 연구자들은 종종 실험을 통해 백신 접종과 같은 특정한 처리의 효과를 측정하고자 한다. 이를 위해 실험의 대상들을 처리를 받는 집단과 그렇지 않은 집단으로 나누고, 각 집단에서의 효과를 비교한다. 여기서 처리를 받는 집단을 처리집단(treatment group), 처리를 받지 않는 집단을 통제집단(control group)이라 부른다.

연구자들은 이중 눈가림 무작위 통제로 진행하는 실험을 이상적이라고 생각한다. 이중 눈가림(double blind)이란, 실험대상(피험자), 실험주체(연구자) 모두 피험자가 처리집단에 속하는지 여부를 알지 못해야 한다는 것을 의미한다. 무작위 통제(randomized control)란, 대상을 집단에 배정할 때, 처리집단 또는 통제집단인지 여부를 무작위로 결정한다는 의미이다.

하지만, 사회적인 제도의 효과를 분석할 때는, 실험 연구를 수행하는 것이 거의 불가능하다. 제도 변화를 경험할 대상을 무작위로 배정하는 것이 기본권 등 사회적인 제약 때문에 매우 어렵다. 대상을 무작위로 배정했더라도, 그 대상들이 자신이 변화된 제도의 대상이 된다는 사실을, 그리고 통제집단에 속한다면 변화의 대상이 아니라는 사실을, 자각하기 때문에 눈가림 조건을 만족하기도 어렵다.

그러므로 사회과학, 경제학, 세무학에서의 연구는 거의 대부분 실험 연구가 아닌 경험 연구에 해당한다. 경험 연구란, 실험이 아닌, 경험에 의해 기록한 자료를 바탕으로 연구한다는 의미이다. 연구자는 대상의 행동을 관찰하여 기록할 뿐이다.

만약 담배 소비세의 변화가 흡연에 미치는 영향을 분석한다면, 소비세율 변화 전후로 흡연자와 비흡연자의 행동이 어떻게 변화하는지 관찰하여 자료를 만들고, 그 경험 자료를 분석하는 것이다. 이러한 경험 자료에서 실험 자료와의 큰 차이점은, 대상이 제도 변화에 반응하여 행동을 스스로 선택한다는 것이다.

경험 연구를 위해 통계학을 배워야 하는 이유는 무엇인가? 연구자가 모든 것을 통제할 수 있는 실험실에서와 달리, 현실에서는 연구자들이 모든 것을 통제할 수 없을 뿐만이 아니라, 모든 것을 관찰하지도 못한다. 하지만 우리가 관찰하지 못한 요인이, 관찰하는 것들에 영향을 미치고 있을 수 있다. 흔히 누락 변수의 문제가 발생할 수 있고, 누락이 없더라도 변수들 사이의 관련성이 직접, 간접적으로 혼동되어 발생할 수 있다. 만약 무작위 배정을 했다면 관찰하지 못한 요인들이 평균적으로 상쇄될 텐데, 무작위 배정을 하지 않았으므로 그런 요인들의 영향이 그대로 남아 있는 것이다.

한편 관찰한 요인들 사이의 관련성을 파악하더라도 이것이 인과성을 의미하지는 않는다. 영향을 주고받는 관계가 우리가 생각하던 것과는 다를 수 있다.

이처럼, 누락 변수, 혼동 요인, 역인과 관계 등 경험 연구에서 나타나는 여러 문제를 이해하고 연구에 반영해야, 우리가 알고자 하는 제대로 된 효과를 밝혀낼 수 있다.

예를 들어, 조세조약 체결이 해외직접투자 유치에 어떤 영향을 미치는지 알고 싶다고 생각해 보자. 조세조약 체결과 해외투자 유치에 동시에 영향을 미치는 다른 요인들이 있을 것이다. 국가 간 무역 규모, 무역협정 체결 여부 등 경제적 요인들을 제외하더라도, 문화, 역사, 지리같은 요인들이 조세조약 체결과 해외직접투자 결정 모두에 영향을 미칠 수 있다. 그렇다면 이런 요인들을 분석에서 누락하면 안 된다. 아울러 혼동 요인들이 간접적으로 주고 받을 영향도 고려하여 분석을 수행해야 한다.

한편으로, 조약체결과 투자유치의 인과적인 방향성이 항상 명확하지 않을 수 있다. 일반적으로는 조세조약 체결이 해외투자 유치에 영향을 줄 것이라고 생각하지만, 해외투자를 진행하기 위해 새로운 조약 체결을 요구하는 상황도 있을 수 있다. 유력한 국제 투자자가 개발도상국에 투자하려고 하는데, 자신의 거주국이랑 조약을 체결하지 않으면 그 국가에 투자하지 않을 것이라고 주장하며, 조약 체결을 요구하는 상황을 상상해 볼 수 있다.

이렇게 누락 변수와 혼동 요인의 문제, 조약 체결과 투자 유치 사이의 역인과성을 충분히 고려하여 경험 연구를 수행해야, 믿을 수 있는 수준에서, 조세조약 체결이 해외직접투자 유치와 어떤 관련성을 보이는지 밝혀낼 수 있을 것이다.

연습 문제

1. 통계적 추론에서 모집단과 표본은 어떤 차이가 있는지 설명하라.

2. 래퍼 곡선 이론이 법인세 제도에 대해 시사하는 바는 무엇인가? 후방 굴절하는 모양의 노동 공급 곡선이 소득세율 설정에 대해 시사하는 바는 무엇인가?

3. 조세조약과 해외직접투자 사이의 관련성을 분석할 때 작용할 수 있는 혼동 요인을 예를 들어 설명하라.

4. 조세조약 체결이 해외직접투자에 영향을 미친다고 보는가? 또는 반대로 다국적 기업의 해외직접투자, 또는 그에 대한 논의가 국가 간 조약 체결에 영향을 미친다고 보는가?

5. 이중 눈가림 무작위 통제 실험을 정책 연구에 적용할 수 있는지 설명하라.

CHAPTER

02

변수, 분포, 히스토그램

XAT

CHAPTER 02

변수, 분포, 히스토그램

자료를 이루는 변수의 종류에 대해 알아보며, 변수 값의 분포를 시각적으로 살펴보는 히스토그램에 대해서도 알아본다. 또한 국세청의 소득세 표본자료를 이용하여 히스토그램을 그려본다.

1 변수의 종류

변수(variable)란, 바뀔 수 있는 수를 뜻한다. 바뀔 수 있다고 해서, 무작위로 변하거나, 알 수 없다는 뜻은 아니다. 값이 변하는 데 어떤 규칙성이 있을 수도 있고, 그 규칙성이 다른 조건, 즉 다른 숫자들에 의해 영향을 받을 수도 있다.

예를 들어, 소득금액, 세율, 결정세액 등을 변수의 예로 생각해 볼 수 있다. 납세자가 다르면, 또는 납세자의 신고 시기가 다르면, 소득금액이 변화한다. 정부에서 세법을 개정하면, 납세자에 따라, 연도에 따라 개정된 세법의 새로운 세율을 적용 받는다. 소득금액과 세율이 변화하면, 결정세액도 변화할 것이다.

통계적인, 조금 더 일반적으로, 수리적인 분석을 위해서는 정보를 수치로 기록해야 한다. 원래 그 정보 값이 숫자로 자연스럽게 나타나는 경우도 있겠지만, 그렇지 않고 어떤 약속에 따라 숫자로 바꾸어 적어야 하는 경우도 있을 것이다. 전자의 경우를 양적(quantitative) 변수라고 하는데, 소득금액, 나이, 교육기간, 가족 수 등이 그러한 변수의 예라고 볼 수 있을 것이다. 후자의 경우를 질적(qualitative) 변수라고 하는데, 성별이나 혼인, 취업, 거주자 여부 등의 예가 될 것이다. 이러한 경우, 거주자 변수를 정의하면서, 거주자이면 1의 값을 갖도록 하고, 거주자가 아니면 0의 값을 갖도록 약속하는 방식으로 변수의 값을 규정할 수 있다.

이산(discrete) 변수란 대체로 몇 개의 정수 값으로만 그 값이 나타나는 변수를 의미한다. 대표적인 예로 가족 수 (1, 2, 3, 4, …), 조약 제한세율 (0, 5, 15, 20, …) 등을 생각해 볼 수 있다. 연속(continuous) 변수란, 소득금액이나 나이처럼 그 값이 다양하거나, 소수점 값을 취하는 경우를 의미한다. 하지만 이산, 연속 변수의 구분이 항상 명확한 것은 아니다. 자료에 따라 조약 제한세율이 소수점까지 정의되고 매우 다양한 값을 가질 수도 있는데, 그렇다면 그 변수를 이산 변수가 아니라 연속 변수로 해석해야 할 수도 있다. 교육기간의 경우에도 그렇다.

이외에도 변수에서 숫자 값이 갖는 의미를 따져서 변수의 종류를 조금 더 자세하게 구분하기도 한다. 예를 들어, 명목, 순서, 간격, 비율 척도 등이 그러한 구분의 예이다. 변수를 명목 척도(nominal scale)로 정의하면, 그 숫자 값은 일종의 명칭(이름)으로서 자료의 관측치를 구분하는 역할을 할 뿐이다. 순서 척도(ordinal scale)로 정의하면, 숫자의 대소관계에서 작거나 큰 순서가 의미를 갖는다. 간격 척도(interval scale)로 정의하면,

명칭, 순서, 간격이 의미를 지닌다. 비율 척도(ratio scale)로 정의하면, 명칭, 순서, 간격, 배율이 모두 의미를 지닌다.

2 분포와 히스토그램

일반적으로 자료에는 여러 변수들이 포함되어 있다. 각 변수에는 여러 개의 관찰된 값들이 있다. 그러면 변수마다 여러 관찰된 값들의 분포가 어떤 모양인지 알기 위해 그림으로 그릴 수 있을 것이다. 이러한 경우 종종 히스토그램(histogram)을 이용한다. 히스토그램이란, 어떤 변수의 값을 일정한 구간으로 구분하고, 각 구간에 속하는 값들의 개수, 비율, 밀도 등을 세로로 나타낸 그림을 의미한다.

예를 들어, 납세자의 신고 자료에 소득금액, 공제금액, 적용세율, 결정세액 등의 변수가 있다. 납세자에 따라, 신고 시기에 따라, 이러한 변수의 값들이 자료에 적혀 있다. 자료를 통해 변수의 값이 실현되는 것을 연구자가 관찰했다고 생각해 볼 수 있다. 자료에는 여러 납세자들이 있을 것이고, 각 납세자의 소득금액 값들도 있을 것이다. 그러면 이렇게 여러 값으로 실현된 소득금액의 값들이 어떻게 분포하고 있는지 보기 위해 도수분포표를 만들거나 히스토그램을 그릴 수 있다. 여기서 도수(frequency)란, 어떤 구간에 속하는 관측치의 개수를 뜻한다.

엄밀히 히스토그램을 그릴 때, 가로축은 단위구간, 세로축은 단위구간의 밀도를 표시해야 한다. 여기서 밀도(density)는 각 단위구간의 도수에 비례하면서, 자료의 모든 구간에서 합산한 값, 즉 히스토그램의 전체 면적이 1이 되도록 정의한다. 그러므로 밀도는 가로축의 단위에 영향을 받는다. 밀도 값을 그대로 확률처럼 해석해서는 안 되고, 밀도를 특정한 가로축의 구간에 대해 합산해야, 즉 적분해야, 확률로서 해석할 수 있다.

3 소득세 표본자료를 이용한 히스토그램

국세청의 소득세 표본자료를 이용해서 소득금액의 분포를 히스토그램으로 그려본다. 귀속연도 기준으로 2018년부터 2022년까지의 소득세 신고자료에서 매년 모집단의 일부(2%)를 소득금액, 신고유형, 업태 등을 고려하는 층화추출(stratified sampling) 방식으로 표본을 추출하여, 국세청이 소득세 표본자료를 제공한다. 여기서 층화추출이란, 모집단을 비교적 동질성이 있는 여러 층으로 구분하고, 각 층에서 일정 비율을 추출하는 방법을 의미한다.

표 2-1 종합소득세 표본자료 항목

항목	설명
일련번호	표본자료의 일련번호
가중치	표본자료의 가중치
소득분위층	종합소득금액 기준 1~45 층
성별	남성 / 여성
연령대	34 세 이하 / 35~44 세 / 45~54 세 / 55~64 세 / 65 세 이상
지역	수도권 / 비수도권

업태	제조업 / 건설업 / 도소매업 / 음식숙박업 / 운수창고통신업 / 기타
소득세 신고유형	외부조정 / 자기조정 및 성실신고확인 / 간편장부 / 기준경비율 / 단순경비율 / 비사업자
기장의무구분	복식부기의무자 / 간편장부대상자 / 비사업자 / 해당 없음
총수입 합계금액	이자 · 배당소득명세서소득금액 · 배당액 + 사업소득명세서 총수입금액 + 근로 · 연금 · 기타소득명세서 수입금액
필요경비 합계금액	사업소득명세서 총 필요경비 + 근로 · 연금 · 기타소득명세서 필요경비
종합소득금액	이자 · 배당소득명세서 소득금액 + 사업소득명세서 총 소득금액 + 근로 · 연금 · 기타소득명세서 소득금액
인적공제금액	인적 기본공제액 + 추가공제액
소득공제합계액	소득세법상 소득공제액 + 조세특례제한법상 소득공제액
과세표준금액	종합소득금액 - 소득공제액
산출세액	종합소득세 과세표준 x 세율
세액공제	소득세법상 세액공제 + 조세특례제한법상 세액공제
결정세액	산출세액 - 세액감면액 - 세액공제액

자료: 국세청(2023), 국세데이터 활용안내서, 105쪽

소득세 표본자료는 국세기본법에 의해 제공되는 행정 자료이고, 국세통계센터(datalab.nts.go.kr)에 가입하여 이용할 수 있다. 세부적으로는, 종합소득세, 근로소득세 표본자료로 구분된다. 예를 들어, 종합소득세 표본자료에서는 앞의 표에서와 같은 항목(변수)을 제공한다.

이제 2021년 종합소득세 표본자료에서 종합소득금액과 결정세액의 분포를 히스토그램으로 살펴본다. 히스토그램에서 가로축 금액의 단위는 백만 원이다. 세로띠의 폭에 해당하는 단위 구간은 천만 원이다.

주의할 점은, 관측치가 많다고 하더라도 어디까지나 표본자료에 불과하므로 이 국세청 자료가 모든 납세자, 즉 모집단에서의 분포를 완벽히 묘사하지 못한다는 것이다. 표본에서 계산한 값들이 모집단의 값들과 정확히 일치하지도 않을 것이다.

2021년 종합소득세 표본자료에서, 종합소득금액은 0원부터 257.50억 원까지 분포하는 것으로 나타났고, 결정세액은 0원부터 95.10억 원까지 분포하는 것으로 나타났다.

그런데 원자료에서 히스토그램을 그려보면, 드물지만 극단적으로 큰 관측치가 있어서, 히스토그램의 모양이 작은 값 근처에서 찌그러진 듯이 보인다. 하지만 대부분의 관측치가 이처럼 작은 값들의 구간에 있기 때문에, 이러한 구간에서의 분포가 궁금할 수 있을 것이다. 이를 위해 금액이 큰 순서로 대략 10% 정도의 관측치를 제외하고, 나머지에 대해 히스토그램을 그릴 수 있다. 종합소득금액 기준으로 3억 원 이하의 구간과 결정세액 기준으로 6천만 원 이하의 구간에서 히스토그램을 그려본다.

그림 2-1 자료의 모든 구간에서 그린 종합소득금액의 히스토그램

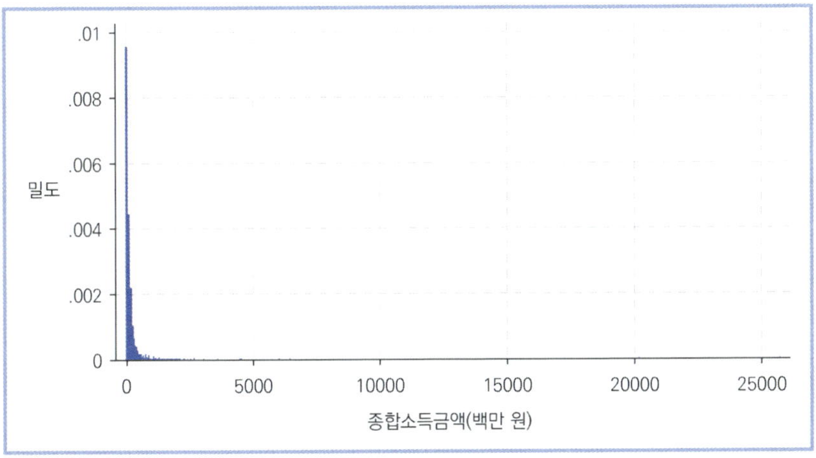

그림 2-2 자료의 모든 구간에서 그린 결정세액의 히스토그램

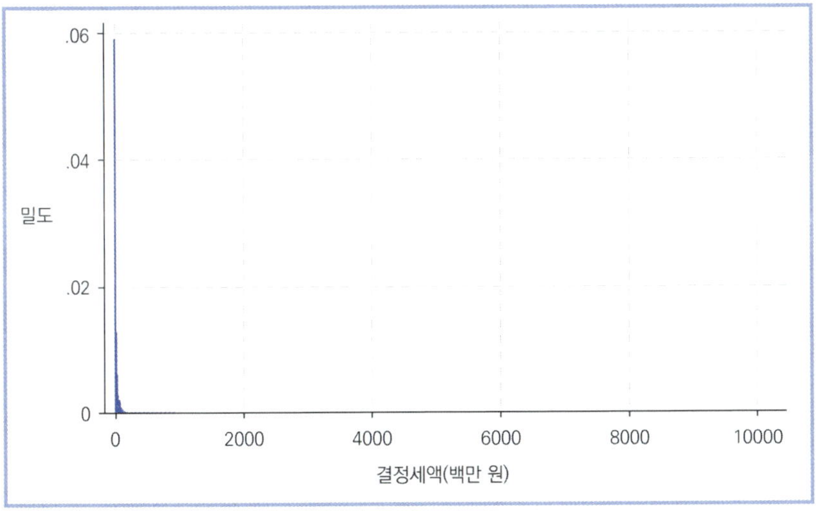

그림 2-3 3억 원 이하 구간에서 그린 종합소득금액의 히스토그램

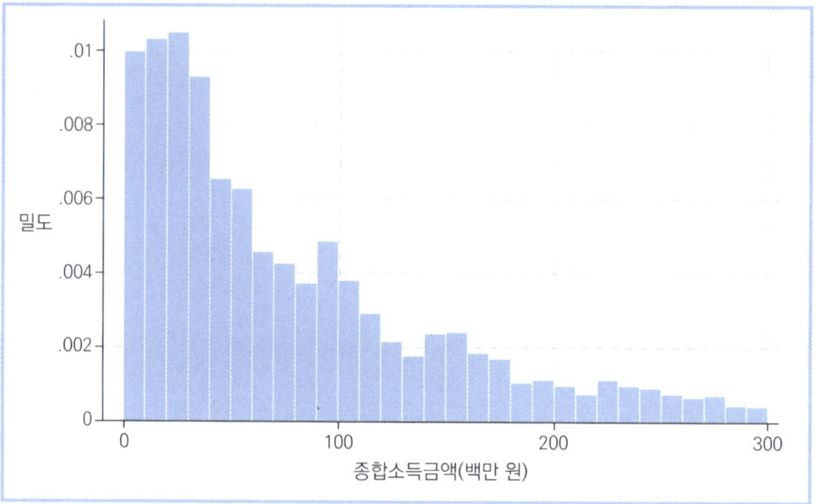

그림 2-4 6천만 원 이하 구간에서 그린 결정세액의 히스토그램

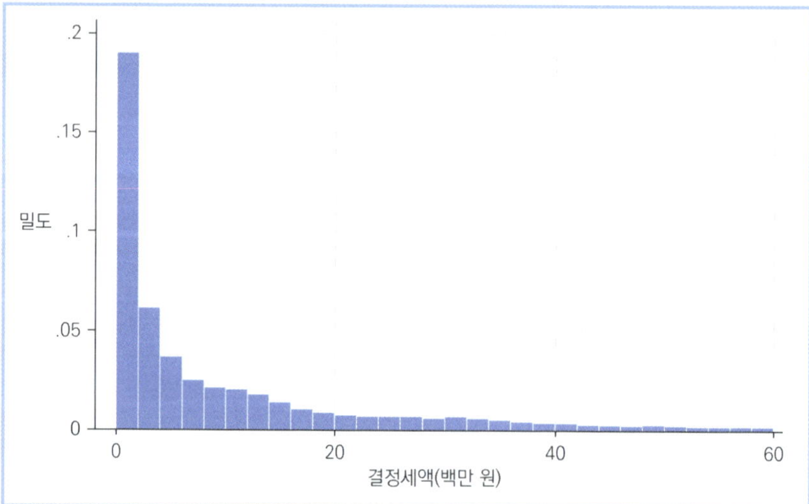

연습 문제

1. 양적 변수와 질적 변수의 차이를 예를 들어 설명하라.

2. 변수를 측정하는 방식에서 명목, 순서, 간격, 비율 척도로 정의하는 변수들의 예를 찾고 설명하라.

3. 히스토그램에서 단위 구간의 높이를 확률로 해석할 수 있는지 설명하라.

4. 종합소득세 신고서에서 종합소득금액과 결정세액의 정의를 설명하라.

5. 국세청 소득세 표본자료에서 귀속연도에 따라 관측치 개수가 다르다면, 그 이유가 무엇일지 설명하라.

CHAPTER

03

통계량

CHAPTER 03

통계량

표본 통계량(sample statistics)은 표본 자료의 특징을 숫자로 나타낸다. 표본평균, 표본표준편차 등이 표본 통계량의 예이다. 가끔 표본을 생략하고, 평균, 표준편차, 통계량이라고 부른다. 주요한 통계량의 개념과 특징에 대해 알아본다.

1 평균

표본평균(sample mean)은 표본 자료에서 어떤 변수의 중심적인 경향을 나타내는 값이다. 관측치의 총합을 관측치의 개수로 나누어 구한다. 자료에 변수 X의 관측치 n개가 있다면, 평균 $\overline{X}$을 다음과 같이 정의한다.

$$\overline{X} = \frac{X_1 + X_2 + \cdots + X_n}{n} = \frac{1}{n}\sum_{i=1}^{n} X_i$$

만약 변수 X에 상수 a를 더하거나 또 다른 상수 b를 곱하여 새로운 변수 $Y=a+bX$를 정의한다면, 그 평균도 a만큼 커지거나 b에 비례하여 변화할 것이다. 즉 새로운 변수 Y의 평균이 $\overline{Y}=a+b\overline{X}$이 될 것이다.

한편 변수의 중심적인 경향을 보여주는 통계량에는 평균 이외에도 중위수, 최빈치 등이 있다. 중위수(median)는 관측치 중에서 절반 이상의 숫자들이 이 값보다 크거나 같고 동시에 절반 이상의 숫자들이 이 값보다 작거나 같은 값을 의미한다. 이처럼 중위수의 정의에서는 관측치 값의 순서, 즉 대소 관계가 중요하고, 개별 관측치 값이 그 자체로 큰 의미를 갖지는 않는다. 이 점이 평균의 정의와는 다른 특징이다.

중위수를 실제로 자료에서 계산할 때, 관측치 n이 홀수이면, $(n+1)/2$번째로 크거나 작은 숫자가 중위수가 된다. 관측치 n이 짝수이면, $n/2$번째 숫자와 $(n+2)/2$번째 숫자의 평균으로 중위수를 정의한다.

중위수를 기준으로 하여 좌우로 히스토그램의 면적이 반으로 나누어진다. 만약 히스토그램이 대칭이면 평균과 중위수가 같게 나타난다. 한편 히스토그램이 비대칭이면, 평균과 중위수가 다를 것이다.

평균은 극단적인 값의 영향을 받아 그런 값의 방향으로 쏠리는 경향이 있다. 하지만 중위수는 극단적인 값의 영향을 받지 않는다. 자료에 극단적인 값이 존재하면, 평균보다 중위수가 중심을 더 잘 나타낼 것이다.

최빈치(mode)는 자료에서 가장 많이 관찰되는 값이다. 히스토그램은 최빈치에서 그 높이가 제일 높다.

다음 그림에서 보듯이, 변수의 분포가 대칭에 가까우면, 평균과 중위수가 같게 나타날 것이다. 만약 관측치에 작은 값들이 빈번히 나타나서, 변수의 분포가 대칭이 아니고 왼쪽으로 꼬리를 갖고 있다면, 평균이 중위수보다 작게 나타난다. 반대로, 관측치에 큰 값들이 종종 있어서, 변수의 분포가 대칭이 아니면서 오른쪽으로 꼬리를 갖고 있다면, 평균이 중위수보다 크게 나타난다. 그림에서 검정 곡선은 히스토그램에 근사한 밀도(함수)를 의미한다.

그림 3-1 분포의 모양에 따른 평균과 중위수 1

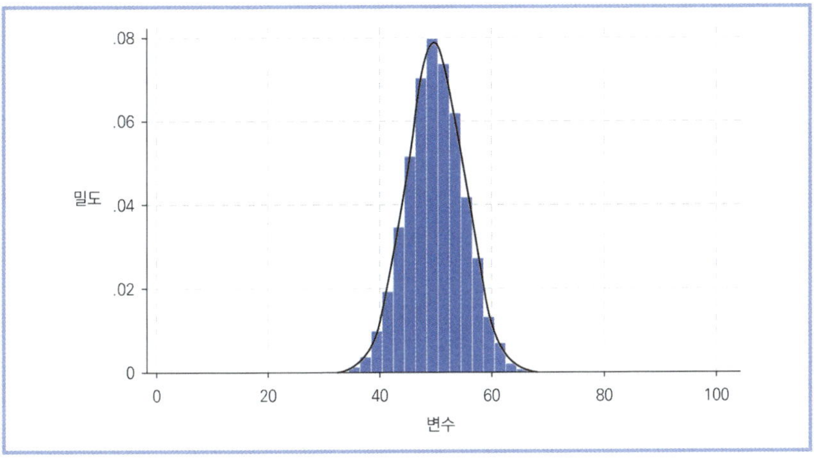

그림 3-2 분포의 모양에 따른 평균과 중위수 2

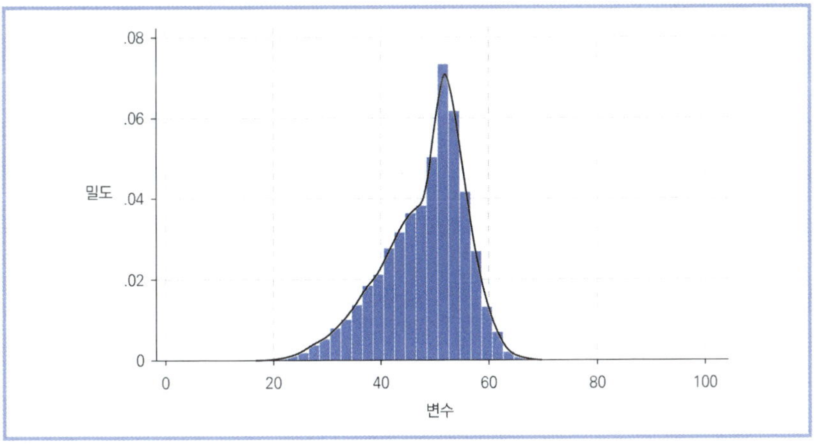

그림 3-3 분포의 모양에 따른 평균과 중위수 3

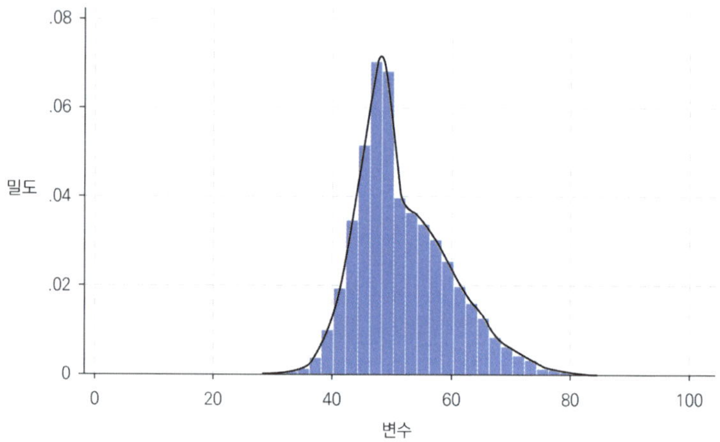

2 표준편차

표본표준편차(sample standard deviation)는 표본 자료에서 어떤 변수가 중심으로부터 얼마나 흩어져 있는지, 즉 변수의 퍼진 정도를 나타내는 값이다. 자료에 변수 X의 관측치 n개가 있다면, 표준편차 SD를 다음과 같이 정의한다.

$$SD = \left(\frac{1}{n-1} \sum_{i=1}^{n} (X_i - \overline{X})^2 \right)^{\frac{1}{2}}$$

여기서 $\overline{X}$는 평균을 의미한다. 표준편차 SD는 관측치들이 평균으로부터 얼마나 떨어져 있는지 알려준다.

변수 X에 상수 a를 더하거나 또 다른 상수 b를 곱하여 새로운 변수 $Y=a+bX$를 정의한다. 그러면 새로운 표준편차는 비율의 절대값 $|b|$에 비례하여 변화한다. 상수를 더한 것은 표준편차에 영향을 주지 않는다. 각 변수의 표준편차를 하첨자로 구분하면, 새로운 변수 Y의 표준편차를 $SD_Y=|b|SD_X$로 나타낼 수 있다.

표준편차를 계산하는 과정을 제곱근-평균-제곱(RMS; Root Mean Square) 연산이라고 부른다. 계산의 순서는 RMS 표현의 역순이다. 먼저 모든 수를 제곱(S; Square)하여 부호를 없앤다. 이어서 제곱한 값들의 평균(M; Mean)을 구한다. 마지막으로 제곱-평균한 값에 제곱근(R; Root)을 취한다.

표본표준편차 SD는 "평균으로부터의 편차들"에 대해 RMS 연산을 적용하되, 평균을 구할 때 관측치 개수 n으로 나누지 않고, 자유도 $n-1$로 나눈 값이라고 볼 수 있다. 표본표준편차가 아니고 모표준편차를 계산할 때는 관측치 개수 n으로 나눈다.

3 표준편차 계산할 때 $n-1$로 나누는 이유

표본표준편차를 계산할 때 왜 $n-1$로 나누는가? 통계학적으로 이유를 설명하자면, 자유도 $n-1$로 나누어야 표본표준편차가 모표준편차의 불편(unbiased) 추정량이 된다. 즉 무수히 많은 표본에 대해 구한 표본표준편차의 기댓값이 모표준편차와 같아진다.

조금 더 직관적으로 이유를 생각해 보자. 모집단의 작은 일부로서 표본을 추출하므로, 표본의 범위는 모집단의 범위보다 작게 마련이다. 그러므로 표본에서 자료가 퍼진 정도는 모집단에서 자료가 퍼진 정도보다 작을 것이다. 표본에서 자료가 퍼진 정도를 나타내는 표준편차로 모집단의 것을 추정하면 과소평가할 수 있다. 그래서 n보다 더 작은 $n-1$로 나누어 과소평가하는 정도를 보정한다.

자유도란 무엇인가? 연구자가 그 값을 관찰하여 기록하기 전까지, 자료에 있는 변수의 값들은 바뀔 수 있고, 자유롭게 결정될 수 있다. 자유도(degree of freedom)는 변수의 관측치 n개 중에서 그렇게 자유롭게 결정될 수 있는 관측치의 개수를 뜻한다.

표준편차를 계산하는 경우의 자유도는 $n-1$이다. 표준편차를 계산하면서, 평균 값이 주어진 것으로 보고, 평균으로부터 편차들의 합이 0이 되도록 하였다. 편차들의 합이 0이라는 것은 하나의 제약 조건이 추가되는 것을 의미한다. 이런 제약 조건에 의해 자유도가 1만큼 감소한 것이다. 표준편차를 정의하면서 $n-1$로 나누었던 것을 자유도 $n-1$로 나누었다고 달리 표현할 수 있다.

4 분위수

백분위수(percentile)는 하나의 히스토그램을 넓이가 같은 100개의 영역으로 나누는 99개의 경계점 값들을 의미한다. 히스토그램의 넓이가 1이므로, 각 영역의 넓이는 0.01 또는 1%가 된다. 일반적으로 제p백분위수는 그 값보다 작은 값이 p%, 큰 값이 (100-p)%가 되는 경계값을 뜻한다.

소득세 표본자료를 이용한 히스토그램에서 보듯이, 현실에서 히스토그램은 평균을 중심으로 대칭적인 모양을 보이지 않는다. 경우에 따라,

극단적으로 작거나 큰 값이 자료에 존재하여, 그런 값의 방향으로 긴 꼬리가 나타나는 비대칭의 모양을 보이는 것이다. 소득세 표본자료의 경우에는, 종합소득금액이나 결정세액이 매우 큰 관측치가 드물지 않게 나타나서, 히스토그램이 오른쪽으로, 즉 큰 값의 방향으로, 긴 꼬리를 갖는 모양을 보인다.

주어진 자료에서 어떤 변수가 비대칭 모양의 히스토그램을 보이면, 변수의 특징을 요약하기 위해 평균과 표준편차만을 이용하는 것으로는 충분하지 않다. 그러한 자료의 특징을 보여주기 위해 종종 백분위수를 이용한다. 평균을 대신하여, 제50백분위수, 즉 중위수가 자료의 중심적인 경향을 보여준다. 표준편차를 대신하여, 제25백분위수와 제75백분위수의 차이, 즉 사분위수 범위(interquartile range)가 자료의 퍼진 정도를 보여준다. 여기서 제25백분위수를 제1사분위수(first quartile)로, 제75백분위수를 제3사분위수(third quartile)로 부르기도 한다.

주어진 자료에서 어떤 변수 값의 분포를 히스토그램을 그려서 살펴볼 수도 있지만, 그렇게 하려면 매번 그림을 그려야 하므로 번거로울 수 있다. 그림을 그리는 대신에, 변수의 최솟값, 제1사분위수, 중위수, 제3사분위수, 최댓값 등 5개의 숫자를 표로 제시하여 변수 값의 분포를 묘사하기도 한다. 이러한 방식을 다섯 숫자 요약(five number summary)이라고 부른다. 변수 값의 분포에 따라, 종종 (최솟값, 최댓값) 쌍을 대신해서 (1백분위수, 99백분위수) 쌍 또는 (5백분위수, 95백분위수) 쌍을 이용한다.

다섯 숫자 요약을 그림으로 나타내기 위해서 상자그림(box plot)을 이용한다. 상자그림에서 상자의 좌측경계, 중앙선, 우측경계는 각각 제25백분위수, 중위수, 제75백분위수를 의미한다. 상자로부터 좌우로 퍼진 실선은 인접값을 의미한다. 하위인접값(lower adjacent value)은 제25백분위수에서 사분위수 범위의 1.5배를 뺀 값이다. 상위인접값(upper adjacent value)은 제75백분위수에서 사분위수 범위의 1.5배를 더한 값이다.

5 소득세 표본자료의 통계량

국세청의 종합소득세 표본자료에서, 2021년 귀속 기준으로, 종합소득금액, 결정세액 등 주요 변수의 통계량을 계산하면 다음과 같다. 금액의 단위는 백만 원이다.

2021년 기준으로 종합소득금액의 평균은 1억 4,458만 원이고, 표준편차는 5억 9,699만 원이었다. 종합소득금액의 중위수는 6,343만 원이고, 사분위수 범위는 1억 1,722만 원이었다. 종합소득금액이 극단적으로 큰 관측치들이 있었는데, 평균이 극단적인 값의 방향으로 쏠려서, 중위수보다 더 크게 나온 것을 볼 수 있다. 표준편차도 사분위수 범위보다 더 크게 나타났다.

2021년 기준으로 결정세액의 평균은 3,518만 원이고, 표준편차는 2억 2,079만 원이었다. 결정세액의 중위수는 559만 원이고, 사분위수 범위는 2,359만 원이었다. 평균이 극단적으로 큰 관측치들의 영향을 받아서 크게 나온 것을 확인할 수 있다.

한편 남성, 수도권, 외부조정은 관측치가 각각 그러한 경우 1의 값을 갖는 지시변수이다. 예를 들어, 관측치에서 성별이 남성이면, 남성 지시변수가 1의 값을 갖도록 정의하는 것이다. 일반적으로, 지시변수의 평균은 자료에서 지시변수가 1이 되는 조건을 만족하는 관측치의 비율을 나타낸다.

2021년 귀속 종합소득세 표본자료에 남성인 관측치가 전체 관측치의 약 68%만큼 존재하는 것을 확인할 수 있다. 마찬가지로, 2021년 종합

표 3-1 종합소득세 표본자료의 통계량

변수	관측치수	평균	표준편차	최솟값	최댓값
총수입 합계금액	186,728	482.66	1,286.08	0.01	43,180.00
필요경비 합계금액	186,728	339.88	1,021.58	0.00	42,140.00
종합소득금액	186,728	144.58	596.99	0.00	25,750.00
인적공제금액	186,728	3.68	2.70	0.00	20.82
소득공제 합계액	186,728	10.44	9.47	0.00	293.80
과세표준금액	186,728	134.22	593.77	0.00	25,680.00
산출세액	186,728	41.13	261.95	0.00	11,490.00
세액공제	186,728	4.79	42.82	0.00	1,999.00
결정세액	186,728	35.18	220.79	0.00	9,510.00
남성	186,728	0.68	0.47	0	1
수도권	186,728	0.61	0.49	0	1
외부조정	186,728	0.25	0.43	0	1

자료: 국세청 2021년 귀속 소득세 표본자료

소득세 신고자 중에서 약 61%만큼 수도권에 거주하고, 약 25%만큼 세무사, 회계사 등 대리인의 외부조정을 거쳐 신고한 것을 알 수 있다.

귀속연도별 종합소득금액과 결정세액의 분포를 살피기 위해, 상자그림을 이용한다. 다음 그림을 보면, 중앙에 상자(box)가 있고, 좌우로 퍼진 실선(whisker)이 있다. 파란 상자의 좌측경계, 중앙선, 우측경계는 각각 제25백분위수, 중위수, 제75백분위수를 의미한다. 좌우로 퍼진 실선의 경계는 인접값을 의미한다. 앞에서 보았듯이, 중위수는 변수의 중심적인 경향을 보여주고, 사분위수 범위, 즉 제75백분위수와 제25백분위수의 차이는 변수의 퍼진 정도를 보여준다. 하위 또는 상위 인접값들은, 잠재적인 이상치(outlier)를 제외하고, 변수의 정상적인 범위를 보여준다.

그림 3-4 귀속연도별 종합소득금액의 상자그림

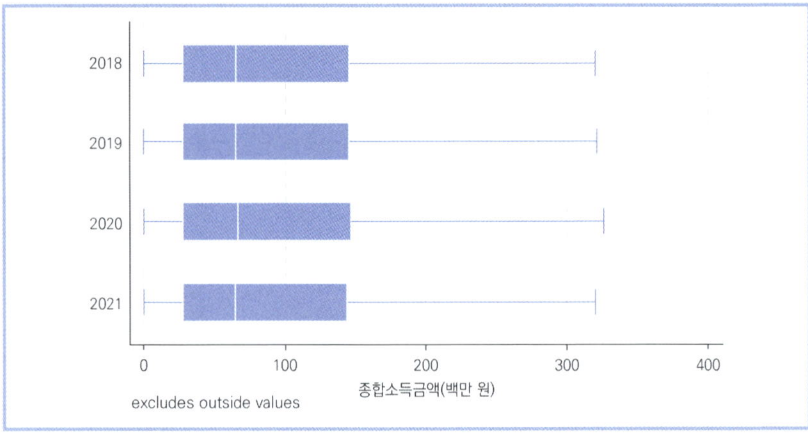

그림 3-5 귀속연도별 결정세액의 상자그림

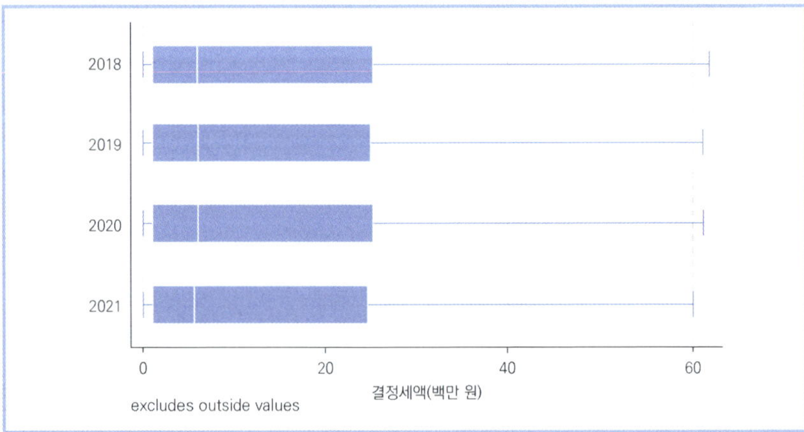

연습 문제

1. 최근 들어 실적이 개선된 시대게임즈 주식회사에서 모든 재직자에게 연봉을 400만 원씩 더 지급하기로 결정하였다. 이 조치가 시대게임즈 재직자들이 받는 연봉의 평균에 어떤 영향을 미치는가? 표준편차에는 어떤 영향을 미치는가?

2. 최근 들어 실적이 개선된 주식회사 시대무역에서 모든 재직자의 연봉을 8퍼센트씩 올리기로 결정하였다. 이 조치가 시대무역 재직자들이 받는 연봉의 평균에 어떤 영향을 미치는가? 표준편차에는 어떤 영향을 미치는가?

3. 국세청 종합소득세 표본자료를 이용하여 종합소득금액의 히스토그램을 그리면 오른쪽으로 꼬리가 긴 모양이 나타난다. 이러한 분포에서 평균과 중위수는 어떤 관계를 보이는지 설명하라. 표준편차와 사분위수 범위는 어떤 관계를 보이는지도 설명하라.

4. 지시변수의 평균이 무슨 의미를 갖는지 설명하라. 지시변수의 표준편차가 0.5보다 클 수 있는지 논하라.

5. 표본표준편차를 계산할 때 자유도 $n-1$로 나누어 정의하는 이유를 설명하라.

CHAPTER

04

확률변수와 정규분포

CHAPTER 04

확률변수와 정규분포

확률에 대해 생각하고, 확률변수에 대해 공부한다. 또한, 정규분포의 개념과 특징에 대해 알아본다.

1 확률변수

변수(variable)란, 바뀔 수 있는 수를 뜻한다. 변수의 값을 관찰하기 이전에는 구체적으로 어떤 값이 나타날지, 또는 어떤 값으로 결정될지, 정확히 알 수 없다. 이러한 상황을 변수가 여러 값들 중 하나로 나타나고, 그 값들이 나타날 확률이 주어지는 것으로 생각해 볼 수 있다. 이렇게 확률적으로 결정되는 변수를 확률변수(random variable)라고 부른다.

예를 들어, 한 해가 끝나기 이전에는 그 해의 소득금액을 정확히 알 수 없다. 그 해의 소득금액이 3천만 원일 수도 있고, 4천만 원일 수도 있고, 5천만 원일 수도 있을 것이다. 그리고 각 금액이 실현될 확률을

1/4, 1/2, 1/4 등으로 예상할 수 있다. 이러한 맥락에서 소득금액은 확률변수이다.

비슷하게, 신고를 마치기 이전에는, 그 해의 결정세액을 정확히 알 수 없다. 결정세액이 0원일 수도 있고, 2백만 원일 수도 있고, 4백만 원일 수도 있을 것이다. 만약 각 금액이 실현될 확률을 사전적으로 가정한다면, 결정세액을 확률변수로 생각하는 것이다.

확률이란, 무엇이 일어날 가능성을 숫자로 나타내기 위해, 세상의 여러 상태 또는 세상에서 일어나는 여러 사건에 대해 0부터 1까지의 값을 부여하는 것이다. 이 때 모든 가능한 상태(사건)들에 대해 부여한 값을 더하면 1이 되어야 한다. 그리고 서로 배타적인 상태들의 모임에 대해 부여한 값이 개별 상태의 값을 합한 것과 같아야 한다.

예를 들어, 주사위를 한 번 던져서 그 값을 관찰하는 것을 상상하면, 주사위의 값이 1, 2, 3, 4, 5, 6 등으로 나오는 6 가지의 상태가 있고, 각 상태의 확률이 1/6 로 주어지는 것이다. 주사위의 값이 짝수로 나올 확률(1/2)은 서로 배타적인 상태인 2, 4, 6 값이 나오는 확률들을 합한 것과 같다.

주어진 자료에서 어떤 변수 값의 분포를 보기 위해 히스토그램을 그린다. 히스토그램의 가로축은 변수 값, 또는 변수 값의 구간을 나타내고, 세로축은 각 구간의 밀도를 나타낸다. 이처럼 실제 자료에서 밀도를 계산하여 이용할 수 있지만, 종종 통계학에서는 변수 값의 분포가 어떤 밀도(함수)를 따라 나타나야 한다고 선험적으로 가정하기도 한다. 어느 구간에 대해 밀도를 합산하면, 즉 적분하면, 그 구간의 확률을 구할 수 있다.

2 정규분포

변수 값의 분포를 선험적으로 가정하는 방법 중 하나가 정규분포(normal distribution)를 이용하는 것이다. 모평균 μ와 모표준편차 σ가 주어지면, 정규분포를 하나의 정확한 함수로 표현할 수 있다. 정규분포의 확률밀도함수는 다음과 같다.

$$f(x)=\frac{1}{\sqrt{2\pi\sigma^2}}e^{-\frac{(x-\mu)^2}{2\sigma^2}}$$

확률변수 x가 어떤 특정한 값으로 실현될 확률을 확률밀도함수 $f(x)$로 나타낸다. 여기서 π는 원주율로 약 3.14159 … 에 가까운 값이고, e는 오일러 수로 약 2.71828 … 에 가까운 값이다. 둘 다 무리수이면서 그 값이 고정된 상수이다.

평균과 표준편차의 값이 정해지면 하나의 정규분포를 정확히 알 수 있다. 달리 말하면, 정규분포의 곡선은 평균과 표준편차에 의해 그 모양이 완벽하게 묘사된다. 정규분포를 따르는 히스토그램은 중심과 중심 주위로 퍼진 정도 등 두 정보만으로 정확하게 묘사된다.

어떤 변수가 정규분포를 따라 실현될 것이라고 선험적으로 가정하므로, 정규분포를 특정하는 데 필요한 평균과 표준편차도 모집단의 값으로 가정할 수 있다.

한편 표준정규분포(standard normal distribution)는 평균 $\mu=0$, 표준편차 $\sigma=1$인 정규분포를 의미한다.

확률변수 X의 값이 평균 μ이고 표준편차 σ인 정규분포를 따라 실현된다는 것을 다음과 같이 표현한다.

$$X \sim N(\mu, \sigma)$$

선형 변환(linear transformation)이란 상수를 더하거나 곱하는 변환을 의미한다. 선형 변환의 예로서, 표준화(standardization)는 평균 μ을 빼고 표준편차 σ로 나누는 변환을 뜻한다. 확률변수 X를 표준화하여 새로운 확률변수 Z를 다음과 같이 정의한다.

$$Z = \frac{X - \mu}{\sigma}$$

그러면 확률변수 Z는 평균 0이고, 표준편차 1인 표준정규분포를 따라 실현된다. 즉 $Z \sim N(0, 1)$이다. 이렇게 표준화를 하더라도 히스토그램의 전반적인 모양은 변하지 않는다. 수평축(확률변수)의 단위만 변하는 셈이다.

다음 그림에서 파란 세로띠로 표준정규분포를 따르는 확률변수의 히스토그램을 보여준다. 검정 곡선은 표준정규분포의 확률밀도함수를 나타낸다.

프랑스에서 태어나 영국에서 활동했던 수학자 아브라함 드 무아브르(Abraham de Moivre)가 정규분포로의 근사라는 개념을 제안하였다. 이후 독일 수학자 칼 프리드리히 가우스(Carl Friedrich Gauss)가 측정오차의 분포 등을 연구하는 데 정규분포를 이용하였다. 통계학의 여러 분포 중에서도 가장 중요한 역할을 하기 때문에 정규(normal) 분포라고 부를 터인데, 종종 가우스의 업적을 기려서 가우스(Gaussian) 분포라고 부르기도 한다.

그림 4-1 표준정규분포의 히스토그램과 확률밀도함수

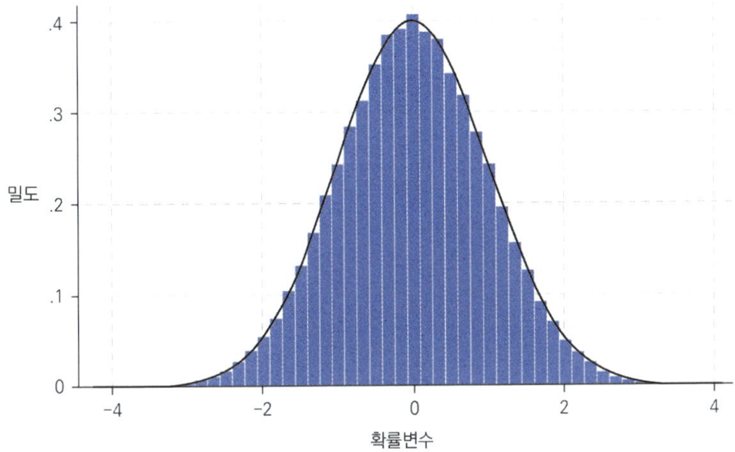

3 정규분포곡선의 특징

정규분포곡선은 평균을 중심으로 좌우 대칭적인(symmetric) 모양을 보인다. 평균에서 밀도가 가장 큰 봉우리가 나타나고, 전체 구간에서 봉우리가 하나만(single-peaked) 존재한다. 하나의 봉우리에 좌우로 얇은 꼬리가 있어서 종 모양(bell-shaped)이라고 일컫기도 한다.

평균과 표준편차만으로 정규분포곡선을 특정할 수 있으므로, 이 두 값을 이용해서 변수 값이 일정한 구간 안에서 실현될 확률을 계산할 수 있다. 평균으로부터 표준편차만큼 떨어져 있는 구간에 전체 관측치들의 약 68%(= 0.6827) 정도가 분포한다. 평균으로부터 표준편차의 2배만큼 떨어져 있는 구간에는 전체 관측치들의 약 95%(= 0.9545) 정도가 분포한다. 평균으로부터 표준편차의 3배만큼 떨어져 있는 구간에는 전체 관측치들의 약 99.7%(= 0.9973) 정도가 분포한다. 이러한 정규분포의 특징을 68-95-99.7 규칙이라고 부른다. 평균으로부터 표준편차의 3배보다 멀리 떨어져 있는 관측치들은 매우 예외적으로, 전체의 약 0.27% 정도만, 존재하는 셈이다.

4 소득세 표본자료와 정규분포

이전 장에서 보았듯이, 종합소득금액 또는 결정세액의 분포는, 상대적으로 작은 값 근처에 많은 개수의 관측치들이 집중되어 있고, 매우 큰 값에 드물지 않은 개수의 관측치들이 있어서, 오른쪽으로 긴 꼬리가 있는 비대칭 모양을 보인다. 이러한 경우, 매우 큰 값들의 영향을 제한하기 위해 변수에 로그를 취할 수 있다.

한편, 변수 값이 0이면 로그 값을 정의할 수 없는데, 소득, 소비, 세액과 같은 경제 변수에는 값이 0인 경우가 드물지 않게 존재한다. 이러한 경향은, 표본 자료에서 관측 단위가 세분화되어 있을 때 두드러지게 나타난다. 예를 들어, 어느 가구의 소득은 0이 아니더라도, 그 가구의 개인은 소득이 0일 수 있다. 비슷하게, 어느 국가로 유입된 해외직접투자 금액은 0이 아니더라도, 다른 국가에서 그 국가로 유입된 해외직접투자 금액은 0일 수 있다. 이러한 경우, 통상적으로 변수에 최소 단위의 상수를 더하여 값이 0이 되지 않도록 변수를 변환한 후 로그를 취하기도 한다.

이제 종합소득금액과 결정세액에 각각 로그를 취하여 분포를 히스토그램으로 살펴본다. 종합소득금액에서는 약 1% 정도, 그리고 결정세액에서는 약 5% 정도의 관측치들이 0으로 나타난다. 국세청 표본자료에서 두 변수의 최소 단위는 1만 원(= 0.01)이다. 로그를 취하기 이전에 두 변수에 각각 5천 원(= 0.005)을 더한다. 정리하자면, 로그 변수들을 다음과 같이 정의한다.

$$\text{로그 종합소득금액} = \ln(\text{종합소득금액}+0.005)$$
$$\text{로그 결정세액} = \ln(\text{결정세액}+0.005)$$

여기서 ln은 자연로그함수를 뜻한다. 종합소득금액 또는 결정세액이 0이면 로그 값을 정의할 수 없다. 그러한 경우에도 로그 값을 계산할 수 있도록 종합소득금액과 결정세액의 최소 단위(1만 원)보다 작은 5천 원을 더하여 로그를 취한다.

다음 그림에서 파란 세로띠는 히스토그램을 나타내고, 검정 곡선은 히스토그램에 근사한 정규분포곡선을 나타낸다. 여기서 히스토그램을 그릴 때, 0인 값을 갖는 관측치, 즉 로그 변환하여 $\ln(0.005) = -5.298$인 관측치는 제외하였다.

그림 4-2 로그 종합소득금액의 히스토그램과 정규분포 근사

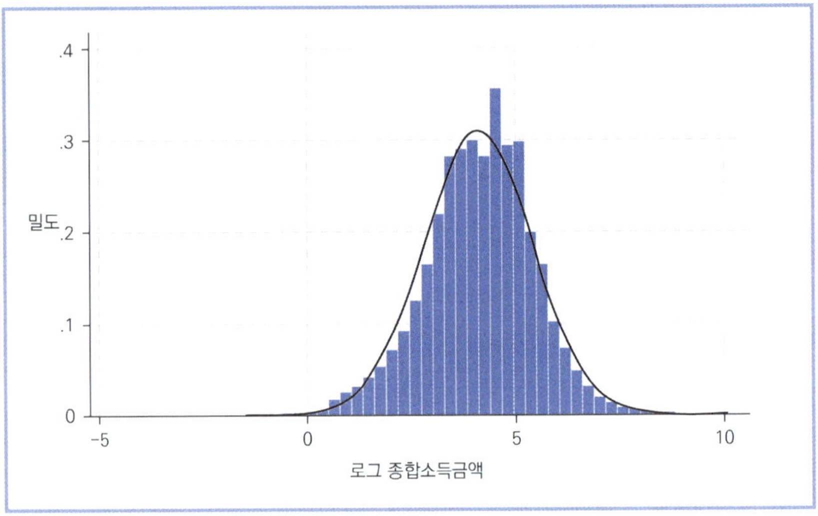

그림 4-3 로그 결정세액의 히스토그램과 정규분포 근사

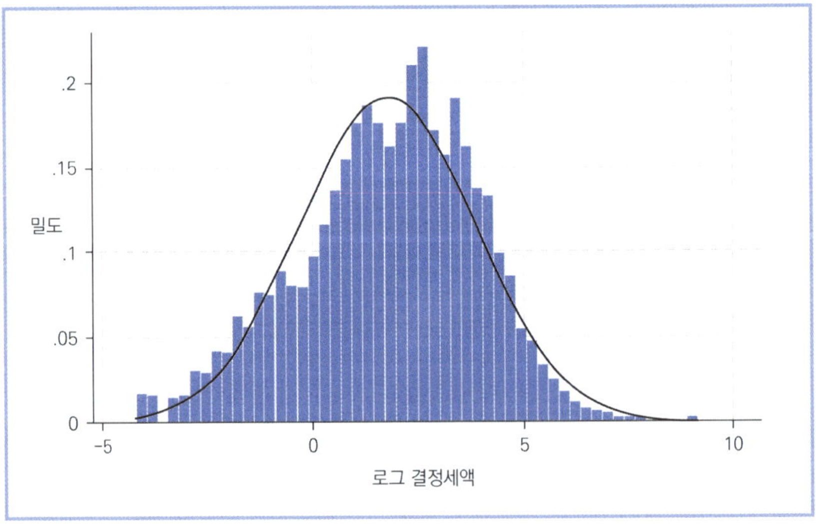

연습 문제

1. 종합소득금액이나 결정세액을 확률변수로 볼 수 있는지 설명하라.

2. 정규분포를 따르는 확률변수를 표준화하면 표준정규분포를 따른다. 그 이유를 설명하라.

3. 조세통계 수업 시간에 퀴즈를 봤다. 이 퀴즈에 응시한 학생들의 평균 점수가 60이고, 표준편차는 8이었다. 응시자의 점수로 히스토그램을 그려보니 정규분포에 가깝게 나타났다. 그러면 48점부터 72점 사이의 점수를 받은 학생의 비율은 얼마나 될 것으로 예상할 수 있는가?

4. 조세통계 수업 시간에 퀴즈를 봤다. 이 퀴즈에 응시한 학생들의 평균 점수가 70이고, 표준편차는 10이었다. 전체 응시자의 숫자는 40명이었다. 응시자의 점수로 히스토그램을 그려보니 정규분포에 가깝게 나타났다. 그러면 90점 이상을 받은 학생은 대략 몇 명이나 될 것으로 예상할 수 있는가?

5. 표준정규분포곡선에서 68-95-99.7 규칙에 대해 설명하라.

CHAPTER

05

상관관계

XAT

CHAPTER

05

상관관계

변수 사이의 관련성을 살펴본다. 산포도를 이용하여 관련성을 그림으로 살펴보고, 상관계수를 이용하여 숫자로 요약해 본다. 상관계수의 특징과 한계에 대해서도 학습한다.

1 결합분포와 산포도

지금까지 자료를 어느 한 변수의 분포를 중심으로 살펴봤다. 히스토그램을 이용해서 분포를 그림으로 나타내거나, 통계량을 이용해서 분포의 특징을 숫자로 나타낼 수 있었다.

일반적으로 자료에는 여러 변수들이 포함되어 있고, 변수들이 서로 관련되어 있다. 그리고 연구자들은 변수들 사이의 관련성에 대해 관심을 많이 갖고 있다. 조금 더 도전적으로 표현하자면, 어느 한 변수를 이용해서 다른 변수를 설명하고 예측하는 것을 연구의 목표로 삼는다.

소득세 표본자료를 예로 생각해 보자. 납세자의 종합소득금액과 결정세액이 서로 관련되어 있을 것이다. 소득공제, 세액공제, 소득세율 등 조세제도가 주어졌을 때 종합소득금액이 결정세액에 영향을 미칠 것이다. 반대로, 납세자가 본인의 세금 부담을 예상하여 경제활동 여부와 수준을 조정한다면, 결정세액이 종합소득금액에 영향을 미친다고 예상할 수도 있을 것이다. 인과관계의 방향이 어떨지 확실히 결론을 내리기는 어려워도, 소득과 세금 사이에 일정한 관련성이 나타날 것이라는 점을 부인할 수는 없다.

변수들 사이의 관련성을 살펴보기에 앞서, 변수들의 결합적인 분포를 상상해 본다. 어느 한 변수의 분포를 확률밀도함수로 나타내듯이, 변수들의 결합분포(joint distribution)도 확률밀도함수로 나타낸다.

예를 들어, 두 변수가 서로 관련되어 있을 것으로 예상하는 데, 각 변수가 정규분포를 따른다고 알려져 있다면, 두 변수의 결합분포는 각각의 정규분포를 가로 세로 방향으로 합쳐서 입체적인 봉우리 모양으로 나타날 것이다. 이 봉우리의 높이가 결합분포의 밀도이다. 어느 한 변수의 값을 고정하고, 봉우리를 단면으로 자르면, 다른 변수의 (한계) 분포가 나타나고, 정규분포의 모양을 보일 것이다.

그림 5-1 이변수 표준정규분포

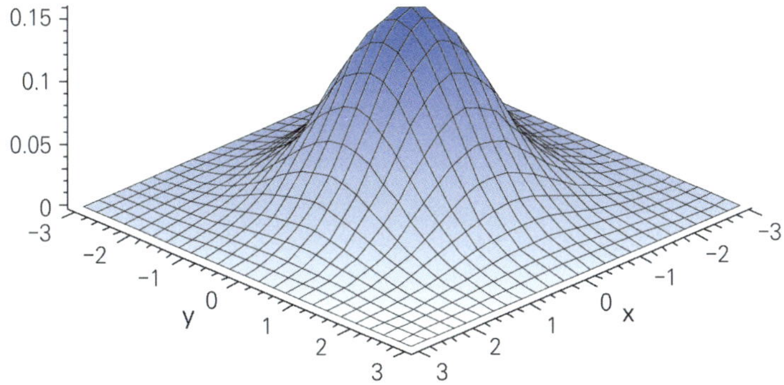

출처: https://math.stackexchange.com/questions/1559360/intuition-of-probability-density-function

두 변수 사이의 관련성을 살펴보기 위해 결합분포를 상상하여 입체적인 히스토그램을 그릴 수 있다면 좋을 것이다. 두 변수가 각각 X, Y이고, 결합분포의 밀도함수가 $f_{XY}(x,y)$이면, 각각을 하나의 축으로 하는, 3차원의 입체적인 히스토그램을 상상할 수 있다.

그런데 2차원인 지면에 3차원의 그림을 그리기는 번거롭다. 종종 두 변수 사이의 관련성을 그림으로 살펴볼 때 산포도(scatter plot)를 이용한다. 산포도란 두 변수의 값을 2차원 좌표처럼 생각하여 하나의 점으로 나타내는 그림을 뜻한다. 산포도에서 각각의 점은 변수 값의 관측치를 나타낸다.

통상적으로 두 변수 사이에서 다른 변수에 더 결정적인 영향을 미칠 것으로 기대하는 변수를 X축, 즉 수평축에 표시하고, 이 변수의 영향을 받아 그 값이 결정될 것으로 보이는 변수를 Y축, 즉 수직축에 표시한다. 이러한 경우, X변수를 설명변수, Y변수를 피설명변수로 부른다.

그림 5-2 **산포도와 결합분포**

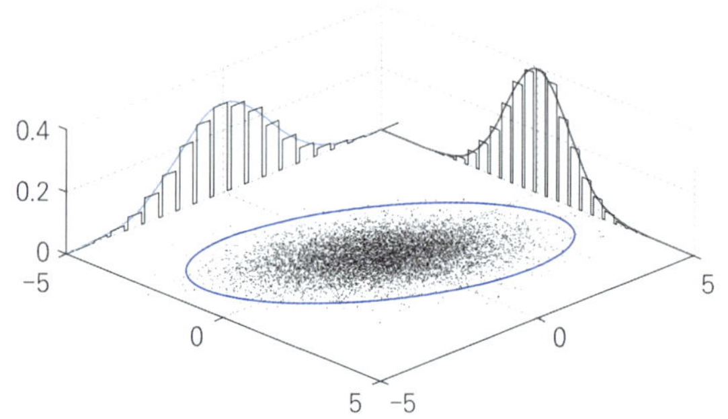

출처: https://en.wikipedia.org/wiki/Joint_probability_distribution

조금 더 통계학적으로, X변수를 그 값이 외부에서 독립적으로 주어져야 한다는 관점에서 독립변수(independent variable)라 부르고, Y변수를 모형 내부에서 다른 변수에 따라 (종속적으로) 결정되어야 한다는 관점에서 종속변수(dependent variable)라 부른다.

그림 5-3 **산포도에서 독립변수와 종속변수**

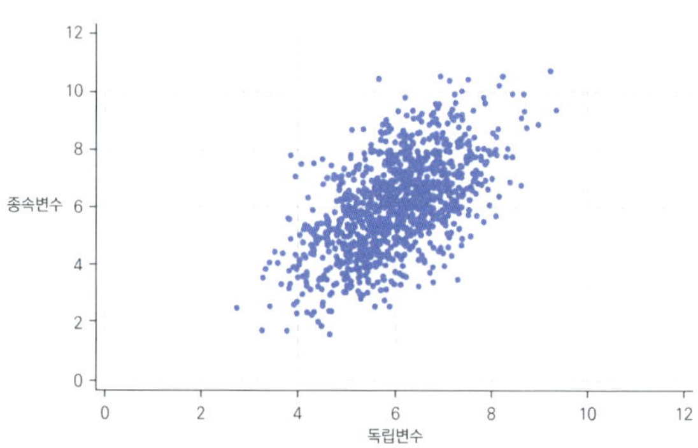

산포도에서 각 관측치는 점 하나로 나타난다. 점들이 빽빽하게 몰려있는 곳은 밀도가 높다고 생각할 수 있다. 반대로 점들이 드물게 찍혀있는 곳을 밀도가 낮다고 생각할 수 있다.

2 상관계수

상관계수(correlation coefficient)는 두 변수 사이에 선형 관계가 있다고 가정하고, 그 선형 관계의 방향과 강도를 측정한 값을 의미한다. 자료에 두 변수 X와 Y의 관측치 n개가 있다면, 상관계수 r을 다음과 같이 정의한다.

$$r = \frac{\sum_{i=1}^{n}\left(X_i - \overline{X}\right)\left(Y_i - \overline{Y}\right)}{\sqrt{\sum_{i=1}^{n}\left(X_i - \overline{X}\right)^2}\sqrt{\sum_{i=1}^{n}\left(Y_i - \overline{Y}\right)^2}}$$

상관계수의 수학적 정의를 다음과 같이 설명할 수 있다. 먼저 각 변수 값에서 평균으로부터의 편차를 구한다. 분자에는 두 편차를 서로 곱하여 합한다. 분모에는 각 편차를 제곱하고 합하여 제곱근을 취한 후, 두 제곱근을 곱한다. 마지막으로 분자를 분모로 나눈다. 여기서 분자와 분모를 각각 $n-1$로 나누면, 분자는 공분산(covariance)이 되고, 분모는 두 변수 표준편차의 곱이 된다.

만약 두 변수의 표준편차가 모두 0이면, 상관계수를 정의할 수 없다. 두 변수 중 어느 한 변수만 표준편차가 0이면 상관계수를 0으로 정의한다.

표준편차는 음수가 될 수 없고, 대부분의 실제 자료에서는 양수이다. 하지만 공분산은 양수가 될 수도 있고 음수가 될 수도 있다.

예를 들어, 변수 X가 그 평균보다 클 때, 변수 Y도 그 평균보다 크고, 변수 X가 그 평균보다 작을 때, 변수 Y도 그 평균보다 작으면, 즉 두 변수가 각각의 평균과 비교했을 때 같은 방향으로 움직이면, 공분산은 양수가 된다. 반대로 어느 한 변수가 평균보다 클 때, 다른 변수는 평균보다 작으면, 공분산은 음수가 된다.

공분산이 양수이면, 상관계수도 양수가 된다. 반대로 공분산이 음수이면 상관계수도 음수가 된다. 달리 말하면, 두 변수가 같은 방향으로 움직일 때 상관계수가 양수로 나타나고, 두 변수가 반대 방향으로 움직일 때 상관계수가 음수로 나타난다.

다음 그림은 상관계수에 따른 산포도의 모양을 보여준다.

그림 5-4 **선형의 관계가 없는 산포도 ($r = 0.0$)**

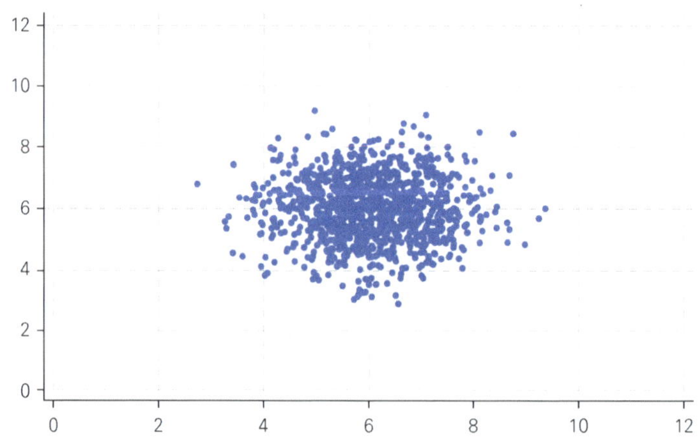

그림 5-5 양의 상관관계를 보이는 산포도 ($r = 0.8$)

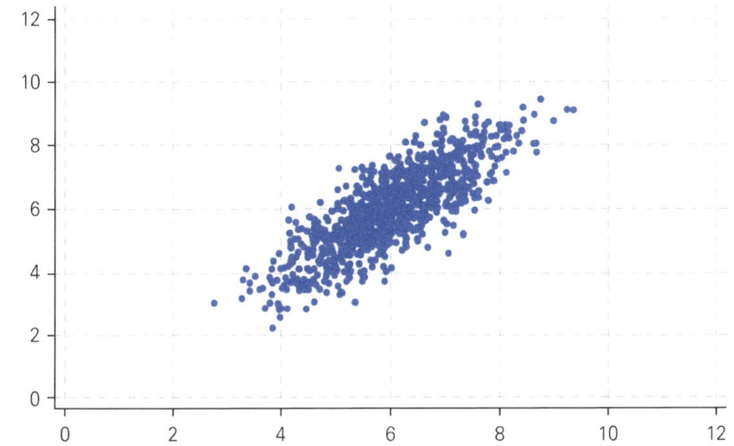

그림 5-6 양의 상관관계를 보이는 산포도 ($r = 0.6$)

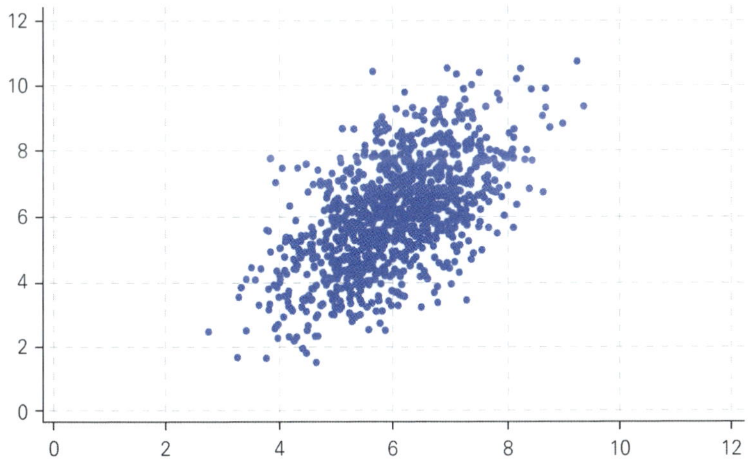

그림 5-7 음의 상관관계를 보이는 산포도 ($r = -0.8$)

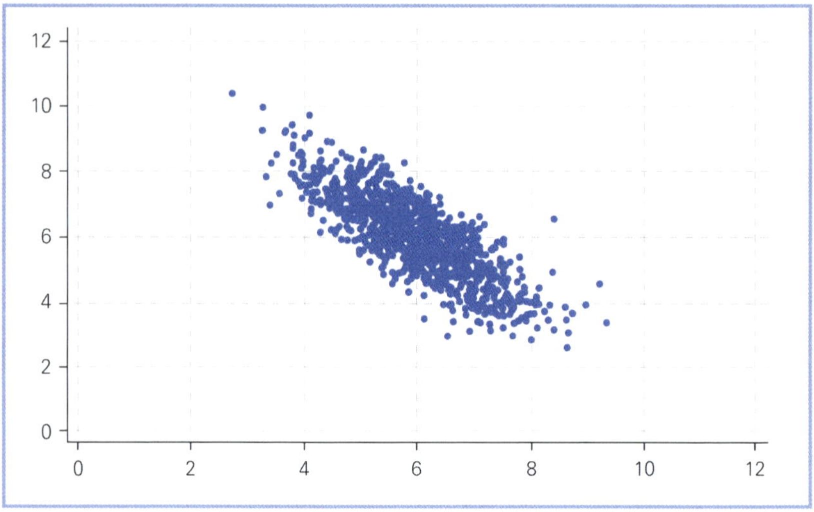

그림 5-8 음의 상관관계를 보이는 산포도 ($r = -0.6$)

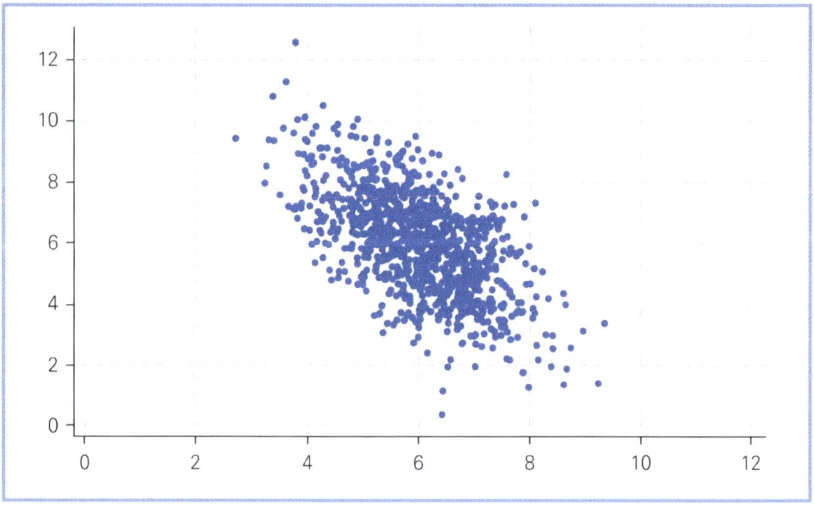

두 변수가 정확히 선형의 관계를 보이면, 즉 $Y=a+bX$인 관계식으로 나타낼 수 있다면, 상관계수는 1 또는 −1의 값을 보인다. 구체적으로 둘 사이에 양의 기울기로 선형관계가 있다면, 즉 $b>0$이면, 상관계수는 1이 된다. 음의 기울기로 선형관계가 있다면, 즉 $b<0$이면, 상관계수는 −1이 된다. 상관계수의 수학적 정의에 의해 그 값이 1보다 크거나 −1보다 작을 수는 없다. 그래서 상관계수가 두 변수 사이 선형 관계의 방향과 강도를 측정한다고 보는 것이다.

지금까지 살펴본 정의는 피어슨 상관계수(Pearson correlation coefficient)에 해당한다. 두 변수가 연속적으로 값을 취한다고 가정하고, 두 연속변수 사이의 선형 관련성을 측정한 것이다. 그런데 자료에서 변수를 순위로 정의하거나, 연속변수를 순위로 대체하여 정의하는 경우도 있을 것이다. 그러한 경우에는 스피어만 순위 상관계수(Spearman's rank correlation coefficient)로 선형 관련성을 측정한다.

두 상관계수 개념들에 이름이 들어있는, 칼 피어슨(Karl Pearson)은 영국 통계학자이고, 찰스 스피어만(Charles Spearman)은 영국 심리학자이다. 특히 칼 피어슨은 현대적인 수리 통계학의 선구자로 후대 연구자들의 존경을 받고 있다.

3 상관계수의 특징과 한계

상관계수에는 단위가 없다. 분자와 분모에서 변수의 단위가 소거되기 때문이다.

상관계수는 수학적 정의에 의해 −1부터 1까지의 값을 갖는다. 코시

−슈바르츠(Cauchy-Schwarz) 부등식을 이용해서 이러한 특징을 증명할 수 있다. 두 변수가 완전한 선형의 관계를 보이면, 상관계수가 1또는 −1이 된다. 이러한 경우를 완전상관(perfect correlation)이라고 부른다. 완전한 선형의 관계를 보이므로, 산포도에서 모든 점들이 정확히 하나의 선 위에 위치한다. 코시−슈바르츠(Cauchy-Schwarz) 부등식이 등식으로 성립하는 조건을 이용해서 증명할 수 있다.

자료에서 두 변수 사이에 양(+)의 상관관계가 있다면, 즉 $r > 0$이면, 산포도의 점들이 우상향하는 모습을 보인다. 반대로 음(-)의 상관관계가 있다면, 즉 $r < 0$이면, 산포도의 점들이 우하향하는 모습을 보인다.

한편 상관계수를 해석할 때 다음과 같은 점에 주의해야 한다.

상관계수 값이 직선에 있는 관측치의 비율을 의미하지는 않는다. 예를 들어, 상관계수 = 0.7이라고 해서 산포도에서 70%의 점들이 하나의 선 주위에 빽빽하게 밀집해 있다는 것을 의미하지 않는다.

상관계수 값으로 선형 관계의 강도를 순서로 비교할 수 있지만, 비율로 비교하기는 어렵다. 예를 들어, 상관계수 = 0.6이면 상관계수 = 0.3일 때보다 선형관계가 강하지만, 그 강도가 정확히 두 배로 강하다는 것을 의미하지는 않는다.

자료에 이탈값(outlier)이 존재하거나, 두 변수 사이의 관계가 선형이 아니라면, 상관계수가 유용하지 않다.

그렇다고 단순 선형 관계만을 고려하는 것은 아니다. 변수에 제곱, 로그, 지수 함수를 취하여 변환하거나, 그런 변환들의 선형 결합을 선형 관계로 가정한다면 상관계수를 이용할 수 있다.

4 소득세 표본자료와 상관계수

국세청 종합소득세 표본자료에서, 2021년 귀속 기준으로, 종합소득금액과 결정세액의 상관계수는 0.9970으로 나타났다. 다른 귀속연도에서도 두 변수의 상관계수는 1에 가깝게 나타났다. 한편 종합소득금액 3억원 이하이고, 결정세액 6천만 원 이하인 부분 표본(subsample)에서는 두 변수 사이의 상관계수가 0.9280이었는데, 값이 매우 큰 일부의 관측치들이 상관계수 값을 크게 만들 수 있다는 것을 보여준다.

로그 종합소득금액과 로그 결정세액의 상관계수는 0.8515로 나타났다. 변수들을 로그 변환하였더니, 로그 변환하지 않았던 것과 비교해서, 선형 관계의 강도가 여전히 강한 수준이지만 살짝 약해졌다.

변수들의 결합분포를 파악하기 위해 산포도를 그려보면 다음 그림과 같다. 로그 변환하지 않은, 원래의 관측치를 기준으로 보면, 매우 큰 값을 갖는 일부의 관측치들이 산포도의 모양을 길게 늘여서 직선처럼 보이도록 만드는 것을 확인할 수 있다. 이러한 경향 때문에 상관계수가 1에 가깝게 나타났을 것으로 추측한다.

변수들을 로그 변환한 경우의 산포도에서는 매우 큰 값의 관측치들이 두드러지게 나타나지 않는다. 원래 표본자료에서 종합소득금액이나 결정세액이 0 인 관측치들이 상당히 존재하였는데, 로그 변환을 위해 이러한 관측치들에 최소 단위(만 원)보다 작은 상수(5천 원, 0.005)를 더하였다. 이와 같은 조정에 의해, 두 변수 모두에서 $\ln(0.005)=-5.298$ 주변에 상당한 관측치들이 존재하는 것을 볼 수 있다.

그림 5-9 종합소득금액과 결정세액의 산포도

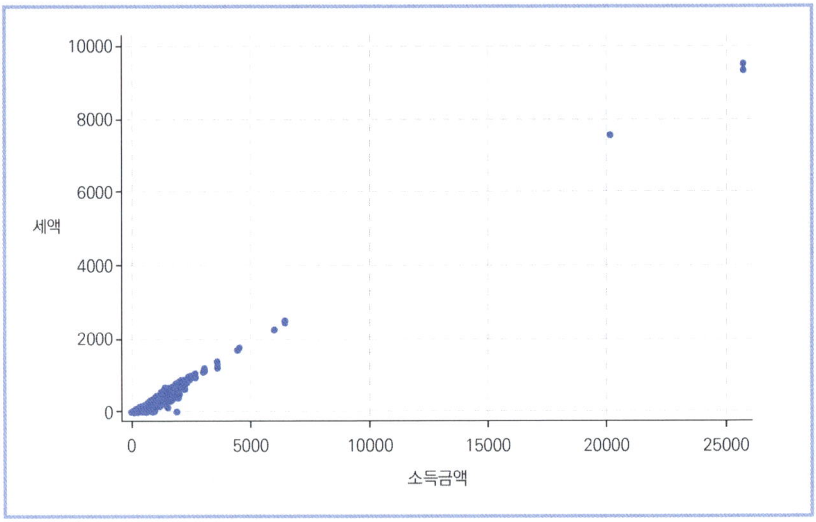

그림 5-10 로그 종합소득금액과 로그 결정세액의 산포도

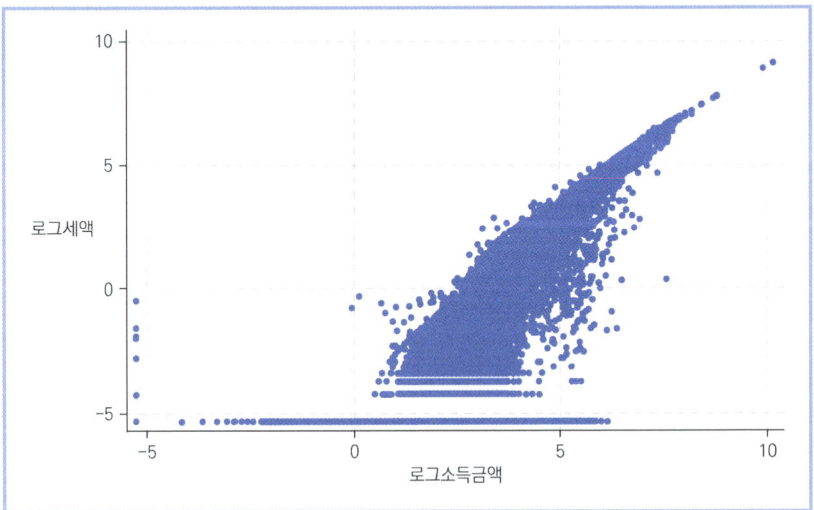

연습 문제

1. 두 변수에 대해 네 개의 관측치가 있는 자료가 다음과 같이 주어졌다.

$$(0,0),\ (0,1),\ (2,1),\ (2,0)$$

이 자료에서 두 변수 사이의 상관계수는 얼마인가?

2. 두 변수 사이의 상관계수가 0이면 이 변수 사이에 아무런 관련성이 없다고 볼 수 있는가? 이유를 설명하라.

3. 코시-슈바르츠 부등식을 이용해서, 상관계수가 최솟값 −1부터 최댓값 1까지의 값을 갖는다는 것을 증명하라.

4. 자료에서 변수의 단위를 변환하더라도 그 변수와 관련된 상관계수가 변하지 않는다는 것을 증명하라.

5. 조세통계 출석부 자료에서 수강생들의 소속 학과에 따라 세무학 전공이면 1, 아니면 0인 값을 갖는 세무전공 변수, 그리고 기타 전공이면 1, 아니면 0인 값을 갖는 기타전공 변수를 정의하였다. 두 변수의 산포도를 그릴 수 있는가? 두 변수 사이의 상관계수는 얼마인가?

CHAPTER

06

회귀분석

XAT

CHAPTER
06

회귀분석

어느 한 변수의 변화가 다른 변수의 변화와 얼마나 관련되어 있는지 파악할 수 있을까? 변수 사이의 관련성을 숫자로 제시하는 방법으로서 회귀분석에 대해 공부한다.

1 조건부 평균의 변화

두 변수 중에서 다른 변수에 더 결정적인 영향을 미칠 것으로 기대하는 변수를 독립변수라고 부르고, 변수 X로 표기한다고 하였다. 그리고 변수 X의 영향을 받아 그 값이 결정될 것으로 기대하는 변수를 종속변수라고 부르고, 변수 Y로 표기한다고 하였다. 가끔 독립변수를 설명변수로 부르고, 종속변수를 피설명변수로 부르기도 한다.

이제 우리는 단순히 두 변수 X, Y가 서로 관련되어 있는지 아는 것을 넘어서서, 구체적으로 X가 변화할 때 Y가 얼마나 변화하는지 알고 싶다.

소득세 표본자료의 예를 생각해 보면, 납세자의 종합소득금액과 결정세액이 서로 관련되어 있는데, 종합소득금액 X의 변화가 결정세액 Y의 변화와 구체적으로 어떻게 관련되어 있는지 파악하고 싶다. 더 자세히 표현하자면, 예를 들어, 종합소득금액 X변수가 100만 원 증가할 때, 결정세액 Y변수가 얼마나 증가하는 경향(관련성)을 보이는지 알고 싶다. 결정세액이 10만 원 증가하는지, 20만 원 증가하는지, 아니면 40만 원 증가하는지 알면, 세금을 낸 후에 남는 소득은 얼마나 될지 예상할 수 있고, 이러한 세후소득 증가분과 여가의 감소분을 비교해서, 종합소득금액을 늘리기 위해 더 열심히 일할 것인지, 즉 여가 시간을 줄이거나 노동 강도를 높일 것인지 계획할 수 있다.

조세제도를 설계하고 집행하는 정부의 관점에서는, 근로, 사업, 이자, 배당, 기타 등 다양한 소득 구분에 대해 과세 정도(비과세 한도), 필요경비 등을 세법에 규정하면서 (또는 세법을 개정하면서) 조세 수입에 미칠 영향을 파악하고 싶다. 소득세법 개정에 따라, 납세자의 종합소득금액이 변화하면 결정세액도 변화할 것이므로, 그에 따라 정부의 소득세 수입이 얼마나 될 것인지 세법개정의 세입효과를 전망할 수 있다.

독립변수 X가 변화할 때 종속변수 Y가 어떻게 얼마나 변화하는지 알기 위해, 달리 말해 주어진 X값에 따른 Y값의 중심적인 경향을 파악하기 위해, X에 따른 Y의 조건부 평균(conditional mean)를 이용한다. 즉 X값(구간)이 변화할 때 Y의 조건부 평균이 변화하는 정도를 계산하여, X의 변화가 Y의 변화와 어떤 관련성을 보이는지 알 수 있을 것이다.

소득세 표본자료를 예로 생각해 보자. 종합소득금액이 4,000만 원 정도인 납세자가 평균적으로 200만 원 정도의 결정세액을 납부하는 데, 종합소득금액이 4,500만 원 정도인 납세자가 평균적으로 230만 원 정도의 결정세액을 납부한다면, 종합소득금액이 500만 원 증가할 때 결정세액이 30만 원 증가하는 경향(관련성)을 보이는 것이다. 여기서 종합소득금액에 따른 평균적인 결정세액은, 종합소득금액이 주어졌다는 조건에 따른, 조건부 평균의 값에 해당한다. 이처럼 조건부 평균을 이용하여 변수 사이의 관련성을 숫자로 요약할 수 있다.

2 선형 근사

변수 사이의 관련성을 파악하기 위해 조건부 평균을 이용한다면, X 값(구간)마다 Y의 조건부 평균을 계산해야 한다. 그런데 만약 두 변수가 선형의 관계를 보일 것이라고 미리 가정한다면, 번거롭게 매번 조건부 평균을 계산할 필요 없이, 조건부 평균 값들에 가까우면서 그 값들의 추세를 보여주는 하나의 직선, 또는 선형 관계식을 찾아서 두 변수의 관련성을 나타낼 수 있다. 구체적으로 $Y = a + bX$와 같은 관계식에서 두 계수 a와 b를 찾아, 두 변수 사이의 관계를 어림잡아 표현하는 것이다. 조건부 평균 값들에 가까운 선형 관계식으로 나타내기 때문에, 이러한 방법을 선형 근사(linear approximation)라고 부른다.

그림 6-1 **산포도와 선형근사**

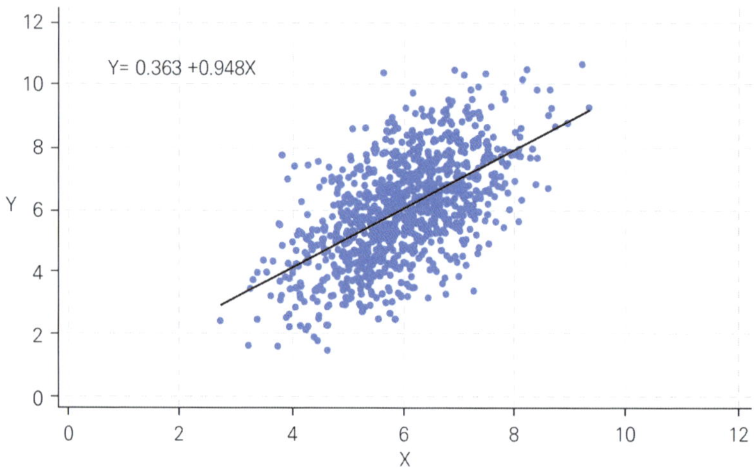

앞의 산포도에서 요약통계량은 다음과 같다.

평균 $\overline{X}= 5.999$, $\overline{Y}= 6.048$

표준편차 $SD_X = 1.018$, $SD_Y = 1.649$

상관계수 $r = 0.585$

선형회귀분석(linear regression analysis)이란, 두 변수의 선형 관계식에서 절편과 기울기에 해당하는 계수의 값을 찾아 변수 사이의 관계를 설명하는 방법을 이른다. 여기서 적당한 계수 값을 찾는 것을 계수를 추정한다고 표현한다. 그리고 $Y = a + bX$와 같은 관계식에서 계수를 추정할 때, Y를 X에 대해 회귀한다(regress Y on X)고 표현한다.

당분간 독립변수 X가 하나만 있는 상황을 생각한다. 하지만 꼭 그래야 하는 것은 아니다. 독립변수들이 여럿 존재할 수 있다. 소득세 표본 자료에서 종합소득금액, 인적공제금액, 과세표준, 세율, 세액공제 등 여러 변수들이 함께 결정세액에 영향을 미치는데, 이렇게 여러 독립변수들이 있는 상황도 독립변수가 하나인 회귀분석을 확장해서 분석할 수 있다. 독립변수가 하나인 회귀분석을 단순(simple) 회귀분석이라 부르고, 여럿인 회귀분석을 다중(multiple; multivariate) 회귀분석이라 부른다.

3 최소자승법

선형관계식 $Y = a + bX$에서 절편 a와 기울기 b를 찾을 때, 달리 말해 선형관계식의 계수를 추정할 때, 최소자승법(method of least squares)을 이용한다.

두 변수가 있는 2차원 공간에서 절편과 기울기의 값을 정하면, 두 변수 사이의 선형관계식을 특정할 수 있다. 모든 가능한 절편과 기울기의 값들 중에서 하나의 (a, b) 조합을 찾는다는 것은, 모든 가능한 직선(선형관계식) 중에서 하나의 직선을 찾는다는 것을 뜻한다. 최소자승법은, 모든 가능한 직선들을 비교하여, Y를 X에 대해 회귀할 때 발생하는 관측치와 예측치의 차이, 즉 잔차를 제곱하여 합계한 것을 가장 작게 만드는 직선을 찾는 방법이다.

산포도에 있는 각각의 점(관측치)에서 어느 직선(예측치)까지의 수직거리(잔차)를 계산한다. 그리고 수직거리를 제곱하여 합계한 것을 최소화하는 직선의 절편과 기울기를 찾는다.

이제 최소자승법을 수식으로 살펴본다. 두 변수 사이에 선형관계식 $Y = a + bX$이 성립한다고 가정한다. 자료에 두 변수 X와 Y의 관측치 n 개가 있다. 각각의 관측치에서는 잔차 u_i를 포함하여 다음 관계가 성립한다.

$$Y_i = a + bX_i + u_i$$

잔차를 제곱하고 합계하여 최소화하는 문제를 아래처럼 쓸 수 있다.

$$\min_{a,\, b} \sum_{i=1}^{n} [\, Y_i - (a + bX_i)]^2$$

목적함수를 절편 a와 기울기 b로 각각 미분하고 정리하여, 즉 최소화 문제를 풀어서, 두 계수의 값을 다음과 같이 추정할 수 있다.

$$\hat{b} = \frac{\sum_{i=1}^{n} (X_i - \overline{X})(Y_i - \overline{Y})}{\sum_{i=1}^{n} (X_i - \overline{X})^2}$$

$$\hat{a} = \overline{Y} - \hat{b}\,\overline{X}$$

여기서 최소화 문제의 해로 구한 계수 추정치라는 것을 명시하기 위해 $a = \hat{a}$, $b = \hat{b}$으로 표기한다. 그런데 기울기를 추정하는 식을 자세히 보면, 상관계수와 표준편차의 정의가 함께 보인다. 이 식을 다음처럼 정리한다.

$$\hat{b} = \frac{\sum_{i=1}^{n}(X_i - \overline{X})(Y_i - \overline{Y})}{\sum_{i=1}^{n}(X_i - \overline{X})^2} = r\frac{SD_Y}{SD_X}$$

지금까지 도출한 것을 선형관계식 $Y = a + bX$에 대입하면, 즉 $a = \hat{a}$ 이고 $b = \hat{b}$이면, 다음과 같다.

$$Y - \overline{Y} = r\frac{SD_Y}{SD_X}(X - \overline{X})$$

두 변수 X와 Y의 관계식을 평균점 $(\overline{X}, \overline{Y})$을 지나고 기울기 $r\frac{SD_Y}{SD_X}$ 인 직선으로 추정한 것이다. 달리 표현하면, 독립변수 X가 평균 $\overline{X}$에서 표준편차 SD_X만큼 증가할 때 종속변수 Y는 평균 $\overline{Y}$에서 상관계수와 표준편차를 곱한 $r \times SD_Y$만큼 증가하는 경향(관련성)을 보인다.

무지의 베일처럼 우리가 최소자승법을 알지 못하는데 X가 변화할 때 Y가 얼마나 변화할지 짐작해야 하는 상황을 상상해 보자. 만약 두 변수가 양(+)의 관련성을 보인다고 알고 있다면(즉 $r > 0$), X가 평균에서 표준편차만큼 증가할 때, Y도 평균에서 표준편차만큼 증가할 것이라고 짐작할 수 있다. 음(-)의 관련성을 보인다고 알고 있다면(즉 $r < 0$), X가 평균에서 표준편차만큼 증가할 때, Y도 평균에서 표준편차만큼 감소한다고 짐작할 것이다.

그림 6-2 회귀직선과 잔차

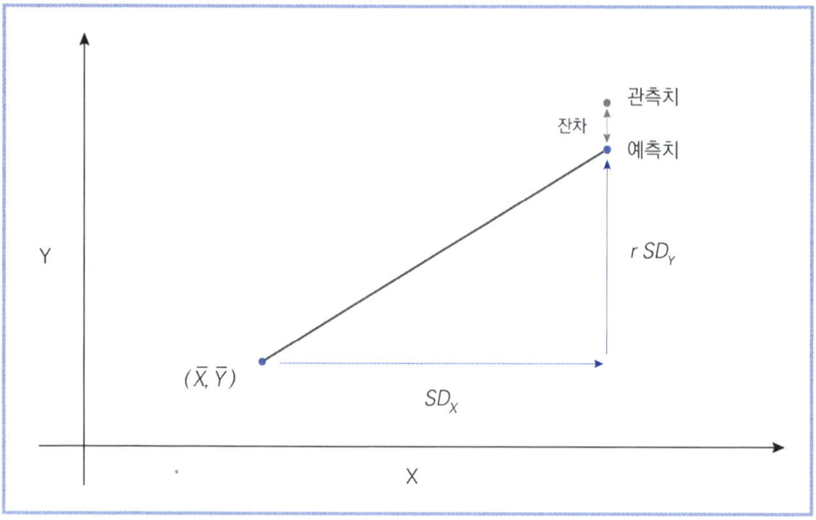

최소자승법에 의한 추정은, 이러한 짐작이 잘못되었다는 점을 시사한다. 왜냐하면 Y가 평균에서 표준편차 SD_Y만큼 변화하는 것이 아니라 그보다 작게 $r \times SD_Y$만큼만 변화하기 때문이다. 변화가 처음에 짐작했던 것보다 작고, 예측치가 (조건부) 평균 근처로 돌아오는 것에 불과하다는 취지로, 영국 인류학자 프랜시스 골턴(Francis Galton)이 이러한 현상을 평범으로의 회귀(regression to mediocrity)라고 불렀다고 한다. 이로부터 회귀 분석이라는 용어가 유래하였다.

역사적으로 연구자들은 거리를 측정하거나 천체의 운동을 설명하면서 최소자승법의 필요성에 대해 착안하였다고 한다. 프랑스 수학자 아드리앵-마리 르장드르(Adrien-Marie Legendre)와 독일 수학자 칼 프리드리히 가우스(Carl Friedrich Gauss)가 비슷한 시기에 독립적으로 최소자승법을 확립하였다.

4 표준오차

관측치와 예측치의 차이를 잔차(residual)라고 한다. 잔차의 전반적인 크기를 추정의 표준오차(standard error; SE)로 측정한다. 표준오차를 수식으로 정의할 때 제곱근-평균-제곱(RMS) 연산을 이용한다. 여기서도 평균을 계산할 때 관측치 개수가 아닌 자유도를 이용한다.

회귀직선을 추정할 때 절편과 기울기를 추정하였고, 추정한 절편과 기울기로부터 예측치를 계산하고, 관측치와의 차이인 잔차를 계산하였다. 회귀직선을 추정할 때의 자유도는 관측치 개수에서 추정계수 개수를 뺀 것이 된다. 그러므로 독립변수가 하나인 단순회귀분석의 자유도는 $n-2$이다. 일반적으로 독립변수가 k개가 있다면, 회귀분석의 자유도는 $n-k-1$이다. 추정한 절편 $\hat{a}$이고, 기울기 $\hat{b}$이면, 개별 예측치는 $\hat{Y}_i = \hat{a} + \hat{b}X_i$이 된다. 그러면 표준오차를 다음과 같이 정의한다.

$$SE = \left(\frac{1}{n-2}\sum_{i=1}^{n}\left(Y_i - \hat{Y}_i\right)^2\right)^{\frac{1}{2}}$$

이로부터 최소자승법에서 계수 추정치를 고를 때, 추정의 표준오차를 최소화하는 것을 알 수 있다. 최소자승법에서 잔차의 제곱합을 최소화하므로, 잔차의 제곱합을 자유도(상수)로 나누고 제곱근을 취한 것을 함께 최소화하는데, 이것이 표준오차이기 때문이다.

단순회귀분석에서 추정의 표준오차가 종속변수의 표준편차 SD_Y 보다 작다는 것을 보일 수 있다. 두 변수 사이의 관련성을 바탕으로 종속변수의 값을 예측하므로, 그러한 예측의 오차가 종속변수 자체의 표준편차보다는 작게 나타날 것이다. 그리고 두 변수 사이의 관련성이 클수록, 즉 상관계수 r이 클수록, 예측의 오차는 줄어들 것이다. 관측치가 충분히 많으면, 즉 $n \to \infty$이면, 단순회귀분석에서 표준오차를 다음과 같은 근사식으로 표현할 수 있다.

$$SE = SD_Y \times \sqrt{1-r^2} \times \sqrt{\frac{n-1}{n-2}}$$
$$\approx SD_Y \times \sqrt{1-r^2}$$

두 변수 사이에 완전상관이 있다면, 표준오차는 0이 된다. 상관계수가 절대값으로 1보다 작아지면, 표준오차는 커진다. 상관계수가 0에 가까워지면, 추정의 표준오차가 종속변수의 표준편차와 비슷해진다.

이상적인 회귀분석에서 잔차가 정규분포를 따른다고 가정한다. 이러한 정규분포의 평균은 0이고, 표준편차는 추정의 표준오차와 같다고 가정한다. 그러므로 회귀분석을 통해 회귀직선과 표준오차를 추정하면, 잔차의 분포도 함께 알 수 있다. 잔차가 정규분포를 따른다고 가정하므로, 회귀직선의 예측치, 즉 잔차 분포의 중심 근처로 잔차가 어떻게 분포하는지도 알 수 있다.

한편 잔차 값의 산포도를 잔차도라고 부른다. 이러한 잔차도를 살펴볼 때 잔차의 분포에 체계적인 선형 추세가 나타나지 않아야 한다. 두 변수 사이의 선형관계를 이미 회귀직선이 흡수하였기 때문이다. 선형 추세 이외에도, 잔차도에 어떤 체계적인 추세가 나타나는 경우, 회귀분석에 무언가 문제가 있다고 판단해야 한다. 잔차도에 나타나는 체계적인 추세는 선형회귀분석이 체계적인 관계를 제대로 포착하지 못할 때 일어나는 현상이다. 그런 현상이 발생하면, 독립변수에 제곱, 로그 등을 취한 후 회귀분석을 하여 변수 사이의 체계적인 비선형 추세를 포착하도록 시도해야 한다.

독립변수 X에 따라 분류한 구간을 산포도에서 세로띠라고 부른다. 등분산성(homoscedasticity)을 만족한다면, 세로띠 별로 히스토그램을 그렸을 때, 중심은 다르더라도 퍼진 정도는 비슷하게 보여야 한다. 각각의 세로띠에서 잔차들이 회귀직선의 예측치를 중심으로 표준오차만큼 퍼져 있어야 한다. 등분산성을 만족하지 않는다면, 즉 이분산성(heteroscedasticity)이 존재하면, 세로띠 별로 퍼진 정도가 달라진다. 예를 들어, 교육수준이 소득에 미치는 영향을 연구하는 데, 교육수준에 따라 조건부 소득의 편차가 다르게 나타난다. 이러한 경우, 표준오차를 계산할 때 이분산성을 고려해야 한다.

5 결정계수

종속변수의 총변동을 평균으로부터의 편차들을 제곱합하여 정의한다. 종속변수의 총변동을 회귀분석으로 설명할 수 있는 값들의 제곱합과 설명할 수 없는 값들의 제곱합으로 구분할 수 있다. 회귀분석으로 설명할 수 있는 값들의 제곱합을 총제곱합으로 나눈 비율, 또는 동일하게, 1 에서 회귀분석으로 설명할 수 없는 값들의 제곱합을 총제곱합으로 나눈 비율을 뺀 것으로 결정계수(coefficient of determination)를 정의하고 R^2로 표기한다. 결정계수는 회귀분석의 설명력을 나타내는 지표이다. 결정계수를 수식으로 정의하면 다음과 같다.

$$R^2 = 1 - \frac{\sum_{i=1}^{n}(Y_i - \hat{Y}_i)^2}{\sum_{i=1}^{n}(Y_i - \overline{Y})^2}$$

정의상 결정계수는 0부터 1사이의 값을 갖는다. 즉 $0 \leq R^2 \leq 1$이 성립한다. 회귀분석의 설명력이 클수록 결정계수가 1에 가까워진다. 반대로 설명력이 작을수록 결정계수가 0에 가까워진다.

단순회귀분석에서 상관계수의 제곱이 결정계수와 같다는 것을 보일 수 있다. 즉 $R^2 = r^2$이 성립한다. 이것이 결정계수를 R^2으로 표기하는 이유이다.

그런데 결정계수의 정의에 한 가지 문제가 있다. 회귀분석에서 독립변수의 개수가 늘어날수록 결정계수가 커진다는, 정확히는, 줄지 않는다는 것이다. 이러한 문제를 해소하기 위해, 독립변수의 개수 k가 늘어나는 것보다 설명력이 더 커져야, 즉 설명할 수 없는 부분이 더 줄어야, 값이 증가하도록 결정계수를 다시 정의할 수 있을 것이다. 이렇게 조정된 결정계수(adjusted R^2)가 다음과 같다.

$$\overline{R}^2 = 1 - \frac{\sum_{i=1}^{n}(Y_i - \hat{Y}_i)^2}{\sum_{i=1}^{n}(Y_i - \overline{Y})^2} \times \frac{n-1}{n-k-1}$$

종속변수 표준편차의 자유도를 회귀분석의 자유도로 나눈 비율을 곱하여 결정계수를 조정한다. 회귀분석에 독립변수를 추가하면 자유도가 줄어들어 곱하는 비율이 커지는데, 이러한 비율의 증가보다 회귀분석으로 설명할 수 없는 값들의 제곱합이 더 감소해야, 조정된 결정계수가 커지고, 회귀분석의 설명력이 더 높아지는 것이다. 정의상 조정된 결정계수는 원래의 결정계수보다 클 수 없다. 즉 $\overline{R}^2 \le R^2$이 성립한다.

6 소득세 표본자료에서 소득과 세액의 선형 관련성

국세청 2021년 귀속 종합소득세 표본자료에서, 결정세액을 종합소득금액에 대해 선형 회귀하여, 두 변수 사이의 실제적인 관련성을 알아본다.

종속변수(Y)는 결정세액이다. 종속변수의 평균은 35.18 백만 원이고, 표준편차는 220.79 백만 원이다. 독립변수(X)는 종합소득금액이다. 독립변수의 평균은 144.58 백만 원이고, 표준편차는 596.99 백만 원이다. 두 변수의 상관계수는 0.9970이다.

회귀 결과, 기울기는 0.37, 절편은 −18.13으로 추정되었다. 기울기의 표준오차는 0.0004, 절편의 표준오차는 0.05로 추정되었다. 여기서 표준오차는 이분산성을 고려하여 추정한 것이다. 결정계수는 0.9941로 추정되었다. 이러한 회귀 결과를 다음과 같이 1차 함수로 나타낼 수 있다.

$$\text{결정세액} = \underset{(0.0004)}{0.37} \times \text{종합소득금액} - \underset{(0.05)}{18.13}$$

달리 표현하면, 종합소득금액이 1만 원 증가할 때 결정세액은 0.37만 원 증가할 것으로 기대할 수 있고, 이러한 기대에 0.0004 만 원의 오차가 있다는 것을 의미한다.

종속변수의 표준편차를 독립변수의 표준편차로 나눈 후 상관계수를 곱하면, 기울기의 추정치 0.37이 나오는 것을 확인할 수 있다. 독립변수가 하나뿐이므로, 상관계수를 제곱하면, 결정계수가 나오는 것도 확인할 수 있다.

한편 결정세액과 종합소득금액을 각각 로그 변환한 후, 로그 결정세액을 로그 종합소득금액에 대해 선형 회귀할 수 있다. 이처럼 로그 변환된 변수는 원래 변수의 변화율에 근사한다고 볼 수 있다. 그러므로 회귀식의 기울기를 두 변수 변화율들의 비율로 보고, 탄력성으로 해석한다. 회귀 결과를 1차 함수로 나타내면 다음과 같다.

$$\text{로그결정세액} = \underset{(0.007)}{1.54} \times \text{로그종합소득금액} - \underset{(0.03)}{4.96}$$

여기서 기울기의 추정치가 1.54인데, 이는 종합소득금액이 1% 변화할 때, 결정세액이 1.54% 변화할 것으로 기대할 수 있다는 의미이다.

연습 문제

1. 조세통계 수업에서 실시한 중간고사의 평균 점수는 60점, 표준편차는 10점이었다. 기말고사의 평균 점수는 65점, 표준편차는 15점이었다. 두 시험점수 간의 상관계수는 0.6이었다. 중간고사 점수로 기말고사 점수를 예측하는 회귀직선을 추정할 수 있는가? 이 회귀직선에 따르면, 추정의 표준오차가 대략 어느 정도 될 것으로 볼 수 있는가?

2. 조세통계 수업에서 실시한 중간고사 점수와 기말고사 점수는 0.6의 상관계수를 보였다. 두 시험을 모두 응시한 수강생은 50명이었고, 시험점수의 산포도는 타원형으로 나타났다. 두 시험 모두에서 평균은 75점이었고, 표준편차는 8점이었다. 중간고사에서 8등을 하였던 세론이는 기말고사에서 몇 등 정도 할 수 있을 것으로 보는가?

3. 500명의 아이들을 대상으로 각각 5살과 15살에 신장을 측정했더니 통계량은 다음과 같다.

5살의 신장: 평균 = 105 cm, 표준편차 = 4 cm

15살의 신장: 평균 = 150 cm, 표준편차 = 5 cm

상관계수 = 0.80

이런 자료에서 5살의 신장으로부터 15살의 신장을 예측하는 선형회귀식을 추정하고, 추정의 표준오차를 구하라.

4. 최소자승법에 따른 절편과 기울기 계수의 추정치를 도출하라.

5. 로그 변환된 변수들로 선형 회귀 분석을 수행하면, 추정된 기울기를 어떻게 해석하는지 설명하라.

CHAPTER

07

기댓값과 표준오차

XAT

CHAPTER 07

기댓값과 표준오차

확률과정을 묘사하는 상자모형에 대해 알아본다. 표본합과 표본평균에 대한 기댓값과 표준오차를 학습한다. 평균의 법칙과 중심극한정리에 대해 생각해 본다.

1 확률과정

확률변수의 값이 실현되어 그 값을 반복적으로 관찰하는 과정을 확률과정(stochastic process)이라고 부른다. 여기서 확률변수는 그 값이 확률적으로 실현되는 변수를 의미한다. 그리고 확률은 값이 실현되는 경험적인 빈도(frequency) 또는 값이 실현되는 것에 대한 주관적인 믿음(belief)를 나타내기 위해, 여러 상태(사건)들에 대해 0부터 1까지의 값을 부여하는 것이다. 모든 가능한 상태들에 대해 부여한 값을 더하면 1이 되고, 서로 배타적인 상태들의 모임에 대해 부여한 값이 개별 상태의 값을 합한 것과 같아야 한다.

확률과정의 예로, 동전을 던져 앞면이 나온 횟수를 기록하거나, 주사위를 던져 나온 값을 관찰하는 것을 생각해 볼 수 있다. 뿐만 아니라, 표본조사, 여론조사 자체도 확률과정으로 생각해 볼 수 있다. 모집단에서 일부를 뽑아 나온 값을 관찰하고 기록하는 것이기 때문이다.

확률과정을 상자모형으로 단순화하여 이해한다. 상자 안에 넣을 숫자 카드, 각 카드의 개수를 정하고, 상자에서 카드를 몇 번 뽑을지(추출할지) 정한다. 여기서 상자를 모집단으로 해석하고, 상자에서 뽑은 카드를 관찰하여 기록한 것은 표본으로 해석한다. 다른 설명이 없다면, 상자에서 각 카드의 개수를 그대로 유지하기 위해, 상자에서 카드를 추출할 때 무작위 복원추출한다고 가정한다.

그림 7-1 상자와 표본

예를 들어, 주사위를 100번 던져 나온 값을 기록하는 과정을 앞 그림과 같은 주사위 상자모형에서 무작위 복원추출로 숫자 카드를 100번 뽑아 관찰하는 것으로 생각할 수 있다.

2 기댓값과 표준오차

상자(모집단)에서 표본을 추출하는 과정을 반복하여 시행한다. 한 번의 시행에서 하나의 표본을 생성하므로, 여러 번의 시행을 반복하면, 그 시행 횟수만큼 여러 개의 표본을 생성하는 셈이 된다.

표본합은 하나의 표본에서 관측치 값들을 모두 더한 것을 의미한다. 표본평균은 하나의 표본에서 관측치 값들의 평균을 구한 것이다. 여러 번의 시행을 통해 여러 개의 표본을 생성하므로, 표본합과 표본평균에도 여러 개의 값들이 있다. 그러면 표본합과 표본평균에 대해서도 그 분포를 생각할 수 있다. 기댓값(expected value)은 그러한 분포의 중심이 되는 값을 의미한다. 표본합 또는 포본평균의 표준편차를 표준오차(standard error)라고 부른다. 이러한 표준오차는 분포의 중심인 기댓값으로부터 퍼져 있는 정도를 의미한다.

표본합의 기댓값은 상자의 평균에 추출 횟수 n을 곱한 것과 같다. 표본합의 표준오차는 상자의 표준편차에 추출 횟수의 제곱근 $\sqrt{n}$을 곱한 것과 같다. 표본합의 표준오차가 추출 횟수의 제곱근에 비례한다는 것을 제곱근의 법칙(square root law)이라고 부른다.

한편 표본평균의 기댓값은 상자의 평균과 같다. 표본평균의 표준오차는 상자의 표준편차를 추출 횟수의 제곱근 $\sqrt{n}$ 으로 나눈 것과 같다.

달리 표현하면, 표본평균의 표준오차는 표본합의 표준오차를 추출 횟수 n으로 나눈 것과 같다.

만약 우리가 모집단에 대해 알고 있다면, 달리 말해, 모평균, 모표준편차 등의 모수를 알고 있다면, 표본합 또는 표본평균의 기댓값과 표준오차도 바로 구할 수 있다.

예를 들어, 0, 2, 3, 4, 6의 카드가 한 장씩 들어 있는 상자에서 카드를 100번 무작위 복원추출한다. 추출한 100개 카드 값들의 합과 평균을 얼마로 기대할 수 있으며, 얼마 정도의 차이가 있겠는가?

상자의 평균은 3이고, 표준편차는 2이다. 그러면 표본합의 기댓값은 $3 \times 100 = 300$이고, 표준오차는 $2 \times 10 = 20$이다. 달리 말해, 표본에서 관측치들의 합을 300으로 기대하고, 20 정도의 오차를 예상한다. 한편 표본평균의 기댓값은 상자의 평균과 같아 3이고, 표준오차는 $2 / 10 = 0.2$이다. 즉 표본에서 관측치들의 평균을 3으로 기대하고, 0.2 정도의 오차를 예상한다.

상자의 표준편차는 상자 안의 든 숫자들이 서로 다른 정도를 의미한다. 상자 안에 든 숫자들이 서로 다를수록 표본의 값들을 예측하기 어렵다. 표준편차가 커지면 표준오차도 커진다.

상자로부터 카드를 뽑을 때 어떤 숫자를 뽑을지 알 수 없기 때문에, 추출 횟수를 늘리면 그 합을 예측하기는 점점 더 어려워진다. 그러나 그 난이도가 추출횟수에 비례하여 증가하지는 않는다. 합에 대한 예측의 난이도를 나타내는 표본합의 표준오차는 추출횟수의 제곱근에 비례하여 증가한다. 표본평균의 표준오차는 추출횟수의 제곱근에 반비례하여 감소한다.

3 추출횟수와 시행횟수

반복하여 표본을 만드는 시행의 횟수 R가 충분히 크면, 표본평균의 기댓값 $E[\overline{X}]$이 모평균 μ에 가까워진다. 즉 $R \to \infty$ 이면, $E[\overline{X}] \to \mu$이 성립한다. 이것을 평균의 법칙, 또는 큰 수의 법칙(Law of Large Numbers)이라고 부른다.

표본을 만드는 시행의 횟수가 이미 충분히 많은 상황에서, 개별 표본이 충분히 크면, 즉 표본을 구성하는 추출의 횟수 n가 충분히 크면, 표본합 또는 표본평균의 분포가 정규분포에 가까워진다. 달리 표현하면, 표본이 충분히 크면 표본평균 $\overline{X}_n$이 정규분포를 따른다. 즉 $n \to \infty$ 이면, $\overline{X}_n \sim N\left(\mu, \frac{\sigma}{\sqrt{n}}\right)$이 성립한다. 이것을 중심극한정리(Central Limit Theorem)라고 부른다. 각각 μ와 σ는 모평균과 모표준편차를 뜻한다. 분포의 중심은 기댓값(모평균)이고, 분포가 퍼진 정도는 표준오차이다. 기댓값과 표준오차를 정규분포의 확률밀도함수에 대입하여 표본합 또는 표본평균이 일정한 구간에 속할 확률을 계산할 수 있다.

신기하게도, 매우 예외적인 상자를 제외하면, 상자 안의 숫자 카드들이 어떻게 구성되었는지 (즉 어떤 값의 카드가 몇 개 들어있는지) 관계없이, 추출횟수가 충분히 많으면, 추출한 값들의 합은 정규분포를 따른다. 물론 상자에 들어있는 숫자 카드 값의 분포가 정규분포에 가깝다면, 충분히 많아야 하는 추출횟수, 즉 표본 크기가 작아진다. 하지만 숫자 카드 값의 분포가 정규분포가 아니라고 하더라도, 추출횟수만 충분히 많으면 표본합 또는 표본평균의 분포가 정규분포로 수렴한다.

그림 7-2 추출횟수와 시행횟수

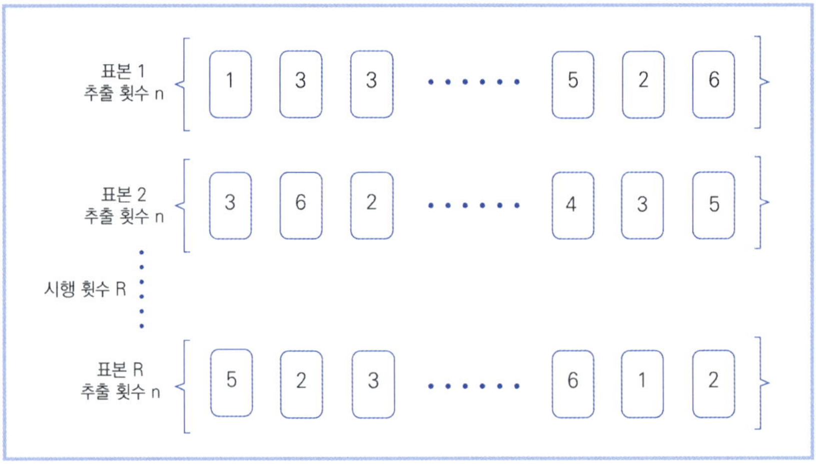

만약 상자에 한 가지 값의 카드만 있어 표준편차가 0이 되거나, 또는 만약 상자에 극단적인 카드 값들이 드물지 않게 있어 표준편차를 정의할 수 없다면, 중심극한정리가 성립하지 않는다. 예를 들어, 상자에서 숫자 카드 값의 분포가 코시(Cauchy) 또는 파레토(Pareto) 분포처럼 꼬리가 두터운 모양을 갖는다면, 상자의 표준편차를 정의할 수 없다.

중심극한정리는 정규분포가 통계학에서 중심적인 역할을 하는 이유를 짐작하게 한다. 정규분포로의 근사에 대해 처음 연구한, 아브라함 드무아브르(Abraham de Moivre)가 개념적 기초를 제시하였다고 볼 수 있다. 엄격한 증명은 프랑스 수학자이자 물리학자인 피에르-시몽 라플라스(Pierre-Simon Laplace)가 제시하였다.

연습 문제

1. 동전을 100번 던져서 앞면이 나오면 1, 뒷면이 나오면 0으로 기록하였다. 앞면이 나온 횟수를 얼마로 기대하고, 오차는 대략 어느 정도로 예상하는가?

2. 주사위를 100번 던져서 나온 숫자들을 기록하였다. 이 숫자들의 평균을 얼마로 기대하고, 오차는 대략 어느 정도로 예상하는가?

3. 상자에 0, 2, 3, 4, 6의 카드가 한 장씩 들어 있다. 상자에서 카드를 400번 무작위 복원추출한다. 추출한 카드 값들의 합과 평균을 얼마로 기대할 수 있으며, 얼마 정도의 차이가 있겠는가?

4. 동대문구에 10만 가구가 살고 있다. 가구당 16세 이상인 가구원 수는 평균이 2.28명, 표준편차가 1.67명이라고 알려져 있다. 어느 조사기관이 900가구를 무작위 추출하여 16세 이상인 모든 가구원과 면담하려 한다. 면담할 사람들의 총 숫자를 예상하라. 그러한 예상의 오차를 제시하라.

5. 큰 수의 법칙과 중심극한정리를 각각 설명하라.

CHAPTER

08

표본분포

XAT

CHAPTER 08

표본분포

표본통계량의 분포에 대해 알아본다. 표본통계량을 이용하여 모집단의 진실한 값을 추론하는 방법에 대해 학습한다. 신뢰구간의 의미에 대해 생각해 본다.

1 표본분포

관측치 n개를 추출하여 하나의 표본을 구성한다. 표본을 구성하는 시행을 R 번 반복한다. 여기서 n을 추출 횟수, 또는 표본의 크기로 부른다. 그리고 R을 (반복) 시행 횟수로 부른다.

표본을 구성하는 시행의 횟수 R이 충분히 크다고 가정하자. 수많은 표본마다 관측치들이 다르므로 표본평균도 서로 다르고 무수히 많은 값들이 있다. 표본평균을 확률변수로 여겨서, 표본평균의 히스토그램을 상상한다. 이러한 히스토그램을 표본평균의 표본분포(sampling distribution)라고 부른다. 개념적으로, 표본평균 이외에도 표본합, 표본중위수 등 다양한 통계량의 표본분포를 생각할 수 있다. 여기서는 표본평균의 표본분포에 집중하고, 별다른 설명이 없다면, 표본분포는 표본평균의 표본분포를 의미한다.

상자에 1부터 9까지의 카드가 한 장씩 들어 있다. 상자의 평균, 즉 모평균은 $\mu=5$이다. 상자의 표준편차, 즉 모표준편차는 $\sigma=\sqrt{60/9}\approx 2.58$이다. 상자에서 25회 무작위 복원추출을 반복하여 10000회 시행한다. 처음 두 표본을 보니 관측치들이 다음과 같다.

(표본 1) 4 3 2 1 8 4 1 3 5 8 2 9 6 4 8 4 2 7 7 7 9 5 1 4 9
표본합 = 123, 표본평균 = 123/25 = 4.92

(표본 2) 7 1 7 5 7 8 2 5 8 7 3 2 7 9 7 9 3 8 8 7 9 7 2 8 1
표본합 = 147, 표본평균 = 147/25 = 5.88

표본평균의 기댓값은 상자의 평균과 같으므로 5이다. 표본평균의 표준오차는 $\dfrac{\sigma}{\sqrt{n}}\approx\dfrac{2.58}{5}=0.516$이다. 즉 표본에서 관측치들의 평균을 5로 기대하고 0.516 정도의 오차를 예상한다.

시행의 횟수 $R=10{,}000$이므로, 10,000 개의 서로 다른 표본이 있고, 10,000 개의 표본평균 값들이 있다. 표본평균 값들의 분포를 히스토그램으로 그린다.

추출횟수를 $n=25, 100, 1000$ 등으로 늘리면서 히스토그램을 그리고 표본평균의 표본분포를 비교한다. 마지막 그림에서 검정 곡선은 히스토그램에 근사한 정규분포의 확률밀도함수를 나타낸다. 중심극한정리의 예시로서, 추출횟수가 충분히 크면 표본평균의 표본분포가 정규분포에 근사한다는 것을 보여준다.

그림 8-1 **표본평균의 표본분포 1**

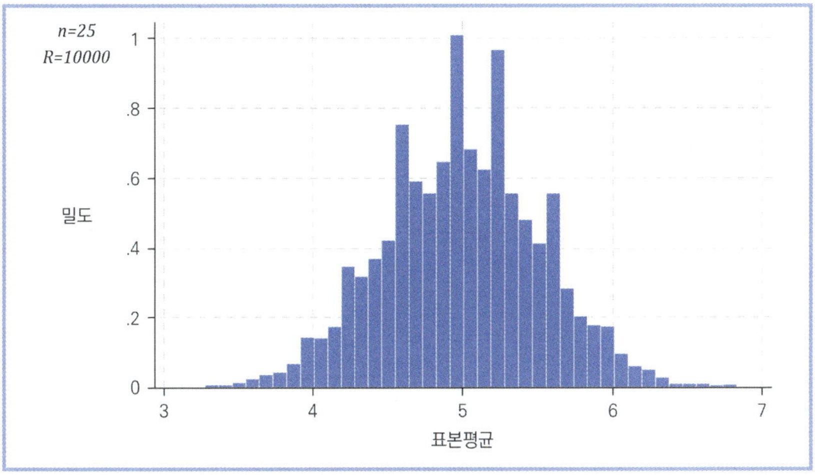

그림 8-2 **표본평균의 표본분포 2**

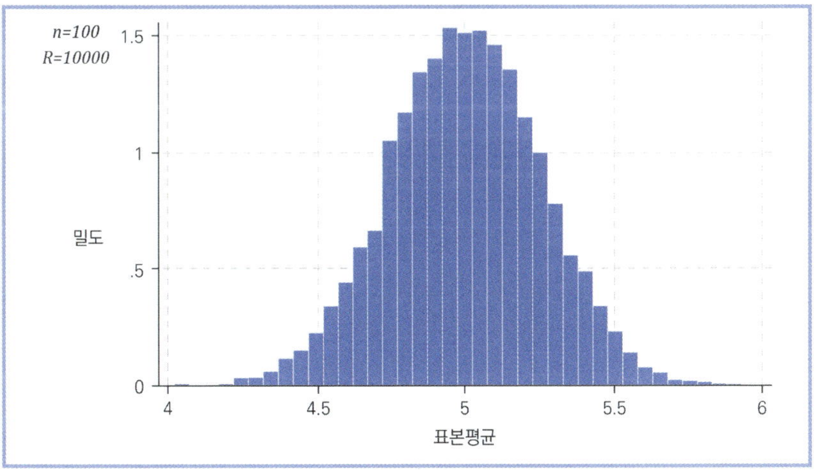

그림 8-3 **표본평균의 표본분포 3**

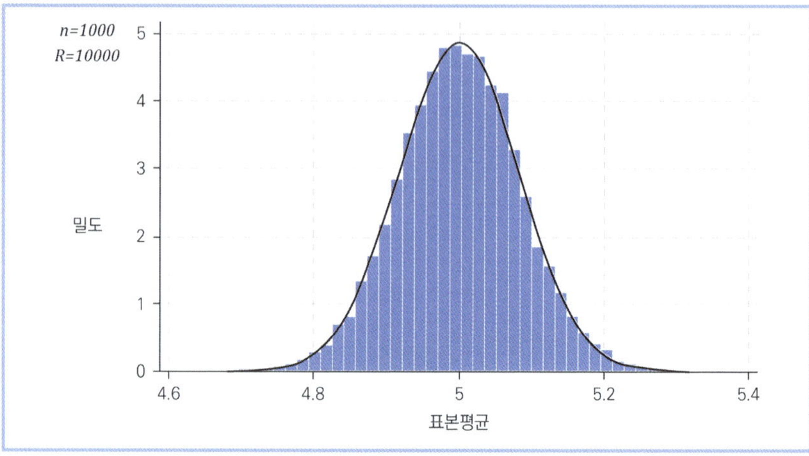

상자의 표준편차, 즉 모표준편차(σ)는, 상자로부터 하나의 값을 추출할 때 이 값이 상자의 평균(모평균 μ)으로부터 얼마나 떨어져 있는지 나타낸다. 표본의 표준편차(SD)는 어느 표본에서 하나의 값이 표본평균과 얼마나 떨어져 있는지 나타낸다.

표본평균의 표준오차(SE)는 표본평균이 모평균으로부터 얼마나 떨어져 있는지 나타낸다. 제곱근의 법칙을 따라, 모표준편차를 표본 크기의 제곱근 $\sqrt{n}$ 으로 나누어 구한다. 모표준편차를 모르는 경우, 표본표준편차로 모표준편차를 대신한다.

$$SE = \sigma/\sqrt{n} \approx SD/\sqrt{n}$$

그러면 표본의 크기는 표준오차에 어떤 영향을 미치는가? 예를 들어 생각해 보자. 상자에 1부터 7까지의 카드가 한 장씩 들어 있다. 상자로부터 100회 무작위 복원추출하면, 표본평균을 4로 기대하고, 2/10 = 0.2 정도의 표준오차를 예상한다. 만약 상자로부터 400회 무작위 복원추출하면, 표본평균은 여전히 4로 기대하지만, 표준오차는 2/20 = 0.1로 예상한다. 표본 크기의 제곱근에 반비례하여 표본평균의 표준오차가 감소한다.

2 모평균의 신뢰구간

평균의 법칙에 의해, 표본을 만드는 시행의 횟수가 충분히 크면, 표본평균의 기댓값이 모평균에 가까워진다. 중심극한정리에 의해, 표본을 만드는 시행 횟수가 충분히 큰 상황에서 각각의 표본이 충분히 크면, 표본평균의 표본분포가 정규분포에 가까워진다. 정규분포의 중심은 표본평균의 기댓값이 되고, 분포가 퍼진 정도는 표본평균의 표준오차가 된다. 그러므로 표본평균과 그 표준오차를 이용하여 모평균이 속하는 구간을 추정할 수 있다. 이를 모평균의 신뢰구간(confidence interval)이라고 부른다.

예를 들어, 10만 가구가 사는 도시에서 900 가구를 무작위로 추출하여 가구 소득을 조사하였다. 가구 소득의 표본평균은 4,640만 원, 표본표준편차는 1,800만 원으로 나타났다. 전체 가구의 평균소득, 즉 가구 소득의 모평균을 알 수 있는가?

모평균을 하나의 정확한 값으로 알 수는 없다. 하지만, 평균의 법칙과 중심극한정리를 이용하여, 표본통계량으로부터 (정확히 알 수 없는) 모평균이 속할 구간을 어느 정도의 자신감을 갖고 추측한다.

우선 표본평균 4,640만 원으로 모평균을 추정한다. 하지만 엄밀히 표본평균의 기댓값이 모평균에 근사하는 것이지, 하나의 표본평균에 불과한 4,640만 원이 모평균이라고 보기는 어렵다. 표본평균의 표본분포를 생각하면, 표본평균의 기댓값을 중심으로 하여, 표준오차만큼 퍼져서 분포한다. 표본평균의 표준오차는 표본표준편차를 표본 크기의 제곱근으로 나누어 구하므로, 1800/30 = 60만 원이 된다. 그러므로 가구 소득의 모평균을 4,640만 원으로 기대하되, 정확히 이 값이 되어야 한다기보다는, 그러한 기대에 60만 원의 오차가 있을 것이라고 예상한다.

이렇게 오차를 포함하는 모평균에 대한 예상을 모평균이 속하는 구간으로 표현할 수 있다. 표본평균의 표본분포가 정규분포에 근사하므로, 정규분포의 중심에서 표준오차의 약 1.96 배를 가감하는 구간에 모평균이 속할 확률이 0.95가 된다. 그러므로 전체 가구의 평균소득이 95% 확률로 속할 구간을 $4640 \pm (1.96 \times 60) = [4522.4,\ 4757.6]$으로 예상한다.

왜 표준편차 대신 표준오차를 쓰는가? 표준편차는 하나의 관측치가 평균으로부터 얼마나 떨어져 있는지 알려준다. 반면 표준오차는 관측치들의 평균이 그 기댓값으로부터 얼마나 떨어져 있는지 알려준다. 하나의 관측치를 이용해서 모평균을 추정하는 것이 아니고, 관측치들의 평균을 이용하여 추정하므로, 표준오차를 이용하는 것이다.

3 여론조사 신뢰구간

정책, 정당, 후보 등에 대해 찬성, 반대하는 국민들의 여론을 알고 싶다. 그런데 현실적으로 전국민, 즉 모집단의 모든 구성원에게 찬반 의

사를 물어볼 수는 없다. 그런 경우 국민의 일부, 즉 표본을 추출하여 찬반을 묻는 여론조사를 실시한다. 우리나라에서 여론조사를 할 때 통상적으로 1,000명 정도의 표본을 구성한다. 그런 여론조사의 결과를 보면, 찬성 또는 반대 비율에서 약 3.1 퍼센트 포인트(%p)를 가감한 것을 95% 신뢰구간이라고 한다. 왜 그럴까?

상자에 0, 1 두 가지 값의 카드만 들어 있다. 1을 찬성, 0을 반대로 해석하면, 표본평균, 즉 1 이 나온 카드의 비율은 찬성의 비율이 된다. 모집단에서의 찬성 비율을 알고 싶지만, 모집단의 구성원에 대해 일일이 찬반을 물어볼 수는 없다. 모집단의 일부를 뽑아, 예를 들어, 1,000명을 무작위로 추출하여 표본을 구성하고, 이 표본에서 찬반을 조사하고, 찬성 또는 반대의 비율을 계산한다.

이러한 표본비율은 0-1 상자의 표본평균이다. 한편 0-1 상자의 표준편차는 [(카드 1의 비율)×(카드 0의 비율)]^(1/2) 로 계산한다. 표본비율은 표본평균의 일종이므로, 표본평균의 표준오차를 계산하듯이, 상자의 표준편차를 표본크기의 제곱근으로 나누어 구한다.

그런데, 상자에 들어 있는 0, 1 카드의 비율을 모른다. 산술-기하평균 부등식에 의해, 0-1 상자의 표준편차는 최댓값이 1/2이다. 신뢰구간을 가능한 넓게 제시하기 위해, 모표준편차를 최댓값으로 가정한다. 그러면 $\sqrt{1000} = 31.62$이므로, 표본비율의 표준오차는 $0.5/31.62 = 0.0158$이 된다.

그림 8-4 표본오차 ±3.1%p 의미

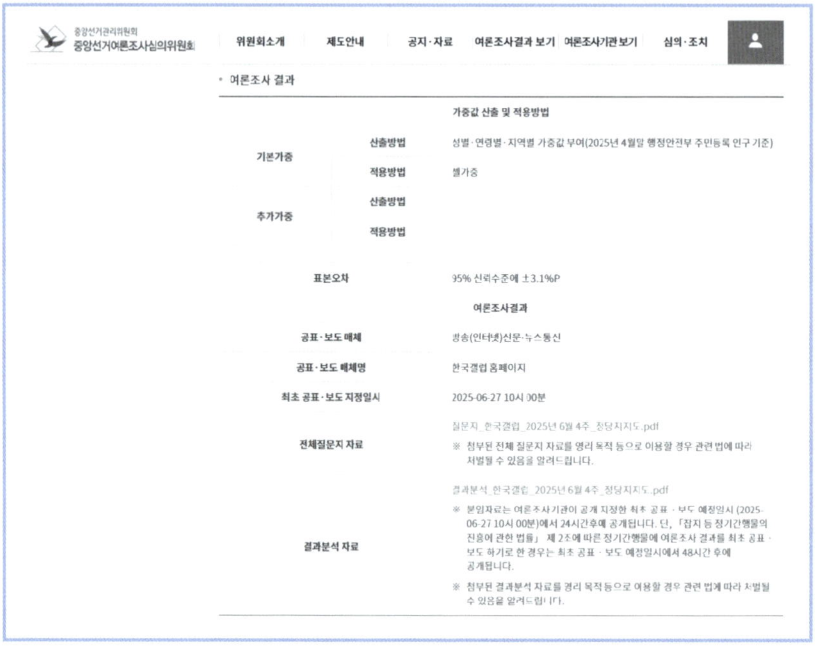
중앙선거관리위원회
중앙선거여론조사심의위원회

위원회소개 | 제도안내 | 공지·자료 | 여론조사결과 보기 | 여론조사기관보기 | 심의·조치

• 여론조사 결과

		가중값 산출 및 적용방법
기본가중	산출방법	성별·연령별·지역별 가중값 부여(2025년 4월말 행정안전부 주민등록 인구 기준)
	적용방법	셀가중
추가가중	산출방법	
	적용방법	
표본오차		95% 신뢰수준에 ±3.1%P
		여론조사결과
공표·보도 매체		방송(인터넷)신문·뉴스통신
공표·보도 매체명		한국갤럽 홈페이지
최초 공표·보도 지정일시		2025-06-27 10시 00분
전체질문지 자료		질문지_한국갤럽_2025년 6월 4주_정당지지도.pdf ※ 첨부된 전체 질문지 자료를 영리 목적 등으로 이용할 경우 관련 법에 따라 처벌될 수 있음을 알려드립니다.
결과분석 자료		결과분석_한국갤럽_2025년 6월 4주_정당지지도.pdf ※ 본임자료는 여론조사기관이 공개 지정한 최초 공표·보도 예정일시 (2025-06-27 10시 00분)에서 24시간후에 공개됩니다. 단, 「잡지 등 정기간행물의 진흥에 관한 법률」 제 2조에 따른 정기간행물에 여론조사 결과를 최초 공표·보도 하기로 한 경우는 최초 공표·보도 예정일시에서 48시간 후에 공개됩니다. ※ 첨부된 결과분석 자료를 영리 목적등으로 이용할 경우 관련 법에 따라 처벌될 수 있음을 알려드립니다.

출처: https://www.nesdc.go.kr/portal/bbs/B0000005/list.do

모집단에서 찬성하는 비율이 95% 확률로 속할 구간을 찾으려면, 표본비율의 표준오차 0.0158에 1.96을 곱한 0.030993을 가감한다. 이를 백분율로 환산하면 (0.5 / 31.62)×1.96×100 = 3.0993이므로 약 3.1%p가 된다.

정리하면, 약 1000명의 표본을 추출하여 찬성하느냐 반대하느냐 여론조사를 실시하여 나온 표본비율의 ±3.1%p 구간에 모집단의 비율이 속할 확률이 95%가 된다. 그러므로 여론조사에서 나온 표본비율의 ±3.1%p 구간을 모집단 비율의 95% 신뢰구간으로 여기는 것이다.

만약 표본의 크기가 변하거나, 신뢰수준이 변하면, 신뢰구간의 폭인

±3.1%p도 변화할 것이다. 예를 들어, 표본의 크기가 커지면, 신뢰구간의 폭은 좁아진다. 표본 관측치가 많으면, 모집단에서의 진정한 비율을 정밀하게 예측할 수 있다. 한편 모집단의 비율을 파악하는 데 신중을 기하려고 신뢰수준을 높이면, 신뢰구간의 폭은 넓어진다. 신뢰구간의 폭이 넓어져야 모집단의 비율이 속할 확률도 커지기 때문이다.

연습 문제

1. 동전을 10000번 던져서 앞면이 4884회 나오거나 그보다 적게 나올 확률은 얼마나 될 것인가?

2. 주사위를 100번 던져서 나온 숫자들을 기록하였다. 3 또는 4가 나온 횟수가 40회보다 클 확률은 대략 얼마나 될 것인가?

3. 상자에 1부터 6까지 쓰인 카드가 각각 한 장씩 들어 있다. 이 상자에서 카드를 400회 무작위 복원 추출하였다. 추출한 숫자들의 평균이 3.4와 3.6 사이에 분포할 확률이 얼마나 되리라고 예상하는가? 추출한 숫자들의 평균이 3.7보다 크거나 같을 확률이 얼마나 되리라고 예상하는가?

4. 두 지점 사이의 거리를 100회 측정한 결과, 측정치의 평균은 81,421m, 표준편차는 40m로 나타났다. 두 지점 사이의 실제 거리를 모평균으로 정의하기로 한다. 두 지점 사이의 실제 거리에 대한 95% 신뢰구간을 찾으라.

5. 우리나라에서 여론조사를 할 때 통상적으로 1,000명의 표본을 구성한다. 그런 여론조사에서 99% 신뢰구간을 찾으려면, 표본 비율에서 어느 정도를 가감해야 하는지 설명하라.

CHAPTER

09

유의성 검정

XAT

CHAPTER 09

유의성 검정

표본에서 관찰한 차이 또는 변수들 사이의 관련성은 우연에 의한 것일까? 우연이 아니라면, 통계적으로 의미가 있는 것일까? 이러한 질문에 대답하기 위해 가설 설정과 유의성 검정에 대해 공부한다.

1 검정의 논리

모집단의 진실한 상태에 대해 알고 싶다. 그런데 연구자는 표본 자료만 관찰한다. 모집단의 일부를 무작위 추출하여 표본을 구성하므로, 표본 구성에는 항상 우연성이 있다. 그러므로 우연히 얻은 표본에서 관찰한 것을 바탕으로 모집단의 진실한 상태에 대해 직접적으로 알 수는 없다. 예를 들어, 표본에서 평균소득이 증가하였다고 해서 모집단에서도 평균소득이 증가하였다고 바로 결론을 내릴 수는 없다. 표본을 무작위 추출하는 데 우연히 소득이 큰 사람들만 뽑혀서 표본평균이 크게 나왔을 수도 있기 때문이다.

직접적인 논증에 대한 대안으로, 다음과 같은 간접적인 방식을 생각해 볼 수 있다. 모집단의 진실한 상태에 대한 가설을 설정한다. 이 가설이 옳다고 가정하고, 무수히 많은 표본들 중에서 우리가 어느 표본에서 이미 관찰한 것을 관찰할 가능성을 헤아린다. 만약 그 가능성이 상당히 낮게 나온다면, 앞에서 모집단의 진실한 상태에 대해 설정한 가설이 옳다고 보기는 어렵다. 가설이 옳다면 우리가 이미 표본에서 관찰한 것을 관찰할 가능성이 상당히 낮은데, 그렇게 가능성이 낮은 사건이 실제로 발생하였으므로 가설이 옳았는지 의문을 품을 여지가 있다.

모집단의 진실한 상태가 무엇이라고 직접적으로 증명할 수는 없지만, 모집단의 진실한 상태가 아닌 것을 제외하면서, 진실한 상태에 대해 간접적으로 추측할 수 있다.

정부가 세법 개정을 통해 주류에 부과하는 세율을 인상하는 방안에 대해 검토하고 있다고 상상하자. 정부 담당자는 세율을 인상하더라도 국민들이 평균적으로 주류를 소비하면서 내는 세금에 별다른 변화가 없고 정부의 주세 수입에도 별 차이가 없을 것이라고 생각한다. 세율을 인상해서 주류의 소매 가격이 오르면 소비량이 줄어서, 즉 과세표준이 줄어서, 세액에 변화가 없다는 것이다. 이러한 가설이 옳은지 따져보기 위해, 국민들 중에서 1,000명을 무작위 추출하여 표본을 구성한 후 설문조사를 실시한다. 설문에서는 현재 주세율과 소매 가격에서의 주류 소비량을 조사하고, 인상될 주세율과 소매 가격에서의 주류 소비량도 조사하였다. 이를 바탕으로, 세율 및 가격 인상 전후를 비교하여, 응답자별 소비량의 변화와 주세액의 변화를 계산하였다.

이번 표본에서 세율 인상 전후 주세액 변화의 1인당 평균은 16,000원이었고, 표준편차는 191,000원이었다. 그러면, $\sqrt{1000} = 31.62$이므로,

표본평균의 표준오차(SE)는 $SE \approx SD/\sqrt{n} = 191000/\sqrt{1000} \approx 6040$으로 추정된다. 세율 인상 전후로 주세액에 변화가 없다는 가설이 옳다면, 모집단에서 주세액 변화의 1인당 평균은 0원이어야 한다. 이번 표본 조사에서 주세액 변화의 1인당 평균으로 16,000원이 나왔는데, $z = (16000 - 0)/6040 \approx 2.65$이므로, 주세액에 변화가 없다는 가설에서 표본평균이 표준오차의 2.65배만큼 멀리 떨어져 있는 셈이다. 표본평균의 분포가 정규분포에 가까우면, 표본평균이 가설에서 설정하는 모평균보다 표준오차의 2.65배, 또는 그보다 더 멀리, 떨어질 가능성은 $(0.500 - 0.496) \times 2 = 0.008 = 0.8\%$ 수준에 불과하다.

가설이 옳다면 일어날 확률이 0.8% 에 불과한 사건이 실제로 일어났으므로 (즉 확률 100% 이므로), 가설이 무언가 잘못되었다고 판단할 수 있다. 그러므로 가설을 기각하고, 세율 인상 전후로 주세액에 변화가 있을 것이라는 결론에 이른다.

2 가설 설정

앞의 예에서 1인당 평균 주세액에 변화가 없다는 가설을 설정하였다. 이처럼 변화, 차이, 관련성 등이 없다는 명제를 귀무가설(null hypothesis)이라고 부른다. 귀무가설의 대안으로, 변화, 차이, 관련성 등이 있다는 명제를 대립가설(alternative hypothesis)이라고 부른다.

가설을 검정하여 연구자가 알고 싶은 것은 모집단의 진실한 상태이다. 그러므로 가설은 모집단의 상태에 대한 진술이라는 형식을 취한다. 예를 들어, "모평균이 0이다."라고 귀무가설을 설정한다. 대안으로 "모평균은 0이 아니다."라고 대립가설을 설정할 수 있다. 대립가설에 방향성을 두어, "모평균이 0보다 작다." 또는 "모평균이 0보다 크다."라고 설정할 수도 있다.

귀무가설에서 모평균이 0이라는 것은 표본평균으로 관찰한 값이 우연히 실현된 것이라는 의미이다. 대립가설은 표본평균으로 관찰한 값이 우연히 실현된 것이라고 보기는 어렵고, 모평균이 0과 다르다는 것을 뜻한다.

앞에서도 설명하였지만, 가설을 직접적으로 증명할 수는 없다. 옳다고 보기 어려운 귀무가설을 기각한다고 해서, 대립가설을 증명하는 것은 아니다. 귀무가설을 기각하지 못한다고 해서, 그 가설을 증명하는 것도 아니다.

3 검정통계량과 p-값

주세율 인상을 검토하는 예에서, 표본평균이 가설에서 설정하는 모평균보다 표준오차의 2.65배만큼 떨어져 있고, 표본평균이 이만큼, 또는 이보다 더 멀리, 떨어져 있을 가능성은 0.8% 수준이라고 하였다. 이것은 각각 검정통계량과 p-값의 예인데, 그 개념을 살펴본다.

검정통계량은 표본통계량과 귀무가설에서 상정하는 기댓값의 차이를 표본통계량의 표준오차로 나눈 것이다. 표본통계량이 정규분포를 따라 분포하면, 검정통계량도 정규분포를 따라 분포할 것이다. 이런 경우 검정통계량을 z-통계량(z-statistic)이라 부르고, 간단히 z로 표기한다.

$$z = \frac{\text{표본통계량} - \text{귀무가설의 기댓값}}{\text{표본통계량의 표준오차}}$$

예를 들어, 귀무가설이 모집단의 평균에 대한 진술이면, 표본통계량은 표본평균이고, 귀무가설에서 기대하는 값은 모평균이 될 것이다.

검정통계량이 따르는 확률분포에 따라 여러 검정통계량들이 있다. 일반적으로, 정규분포를 따르면 z-통계량이라 부르고, t-분포를 따르면 t-통계량이라 부른다. 영국 통계학자 윌리엄 실리 고셋(William Sealy Gosset)이 직장에 근무하던 중 본명이 아닌 필명(Student)으로 t-분포의 필요성과 개념에 대한 연구를 학술지에 게재하였다. 정규분포와 비교해서, t-분포는 꼬리가 두터운 모양, 즉 극단적으로 크거나 작은 값들이 더 빈번히 나타나는 분포를 보인다. 변수의 자유도가 증가하면서, 또는 관측치 개수가 늘어나면서, t-분포는 정규분포로 수렴한다. 그러므로 관측치 개수가 적거나, 모표준편차를 알 수 없을 때, t-분포를 따르는 t-통계량을 이용한다.

한편 p-값(p-value)이란, 귀무가설이 옳다고 가정하고 실제로 관찰한 검정통계량보다 더 극단적인 값을 관찰할 확률을 뜻한다. 이런 p-값을 관측된 유의수준이라 부른다. p-값이 작을수록 귀무가설이 옳은지 의심할 근거가 강해진다.

대립가설에 방향성이 있는지 여부에 따라, p-값을 계산할 때 고려하는 더 극단적인 값의 영역이 다르다. 대립가설에 방향성이 없다면, 극단적으로 작거나, 극단적으로 큰 값을 관찰할 확률을 계산한다. 양쪽 극단의 영역에 해당하는 확률을 고려하므로, 양측 검정(two-sided test)이라고 부른다. 대립가설에 방향성이 있어서 '보다 더 크다'고 진술하면, 극단적으로 큰 값을 관찰할 확률을 계산한다. 대립가설에서 '보다 더 작다'고 진술하면, 극단적으로 작은 값을 관찰할 확률을 계산한다. 이러한 두 경우에는 단측 검정(one-sided test)이 된다.

양측 검정할 때 p-값은 단측 검정할 때 p-값의 두 배가 된다. 앞의 주세율 인상 사례에서, 단순히 주세액에 변화가 있다고 대립가설을 설정하였다면, 방향성이 없으므로 양측 검정해야 하고, 그때의 p-값은 0.8% 가 된다. 하지만, 만약 주세액이 증가한다고 대립가설을 설정하였다면, 단측 검정해야 하므로, p-값은 0.4%가 된다.

전통적으로는 통계 분석을 통해 가설을 검정할 때, 분석을 시작하기 이전에 가설을 검정하면서 적용할 유의수준(significance level)을 미리 정한다. 이런 유의수준을 α로 표기한다. p-값이 미리 정한 유의수준보다 작거나 같으면, 귀무가설을 기각한다. p-값이 미리 정한 유의수준보다 크면, 귀무가설을 기각하지 못한다.

양측 검정과 단측 검정을 단순히 비교하자면, 양측 검정이 더욱 신중한, 또는 귀무가설을 더 존중하는, 검정 방법이라고 말할 수 있다. 양측 검정하면 단측 검정하는 경우보다 p-값이 크므로 귀무가설을 기각하기 어렵기 때문이다.

4 제1종 오류와 제2종 오류

검정에서 귀무가설 기각 여부를 판단하면, 네 가지 경우가 일어날 수 있다. 먼저 귀무가설이 참일 때 그 가설을 기각하지 않는 것이다. 정반대로 귀무가설이 거짓일 때 그 가설을 기각하는 것이다. 이 두 경우에는 올바른 판단을 내린 셈이다.

귀무가설이 참일 때 그 가설을 기각하는 오류가 일어날 수 있는데,

이러한 오류를 제1종 오류(type 1 error)라고 부른다. 귀무가설이 거짓일 때 그 가설을 기각하지 않는 오류가 일어날 수 있는데, 이를 제2종 오류(type 2 error)라고 부른다. 안타깝게도, 제1종 오류를 범할 가능성과 제2종 오류를 범할 가능성을 함께 줄일 수는 없다. 어느 한 오류를 줄이려고 하면, 다른 오류의 가능성이 증가하기 때문이다. 예를 들어, 제1종 오류를 줄이려면 귀무가설을 되도록 기각하지 않아야 하는데, 그렇게 하면 제2종 오류를 범할 가능성이 증가한다. 반대로 제2종 오류를 줄이려면, 귀무가설을 가능한 자주 기각해야 하는데, 그러면 제1종 오류를 범할 가능성이 증가한다.

미리 정한 유의수준 α를 제1종 오류를 범할 확률의 상한으로 해석할 수 있다. p-값이 α보다 작거나 같으면, 귀무가설을 기각하므로 제1종 오류가 일어날 수 있기 때문이다. 유의수준을 미리 설정하여 제1종 오류를 범할 확률을 통제한 후, 가설을 검정하는 것이다.

검정력(power of a test)은 귀무가설이 거짓일 때 그것을 기각할 확률을 의미한다. 귀무가설이 거짓일 때 기각하지 않는 것을 제2종 오류로 부르고, 제2종 오류의 확률을 β로 표기한다. 검정력을 $1-\beta$로 쓰기도 한다.

만약 제1종 오류가 제2종 오류보다 더 위험하다고 생각한다면, 즉 귀무가설이 참일 때 기각하는 제1종 오류를 줄여야 한다면, 그 상한이 되는 유의수준을 작게 설정해야 한다. 통상적인 유의수준 5%보다 더 작게 1%, 0.1% 등의 수준에서 설정할 수 있다.

만약 제2종 오류가 제1종 오류보다 더 위험하다고 생각한다면, 즉 귀무가설이 거짓일 때 기각하지 않는 제2종 오류를 줄여야 한다면, 유의수준을 크게 설정해야 한다. 통상적인 유의수준 5%보다 더 크게 10%, 20% 등의 수준에서 설정할 수 있다.

표 9-1 **제1종 오류와 제2종 오류**

구분	귀무가설 참	귀무가설 거짓
귀무가설 기각 안 함	옳은 결정	제2종 오류
귀무가설 기각	제1종 오류	옳은 결정

5 복수표본 z-통계량

독립적으로 추출한 두 개의 표본에서 표본평균의 차이가 유의한지 검정할 때 복수표본 z-통계량(two-sample z-statistic)을 이용하는데, 두 표본평균 차이에서 귀무가설에서 기대하는 차이를 뺀 것을 표준오차로 나누어 정의한다. 여기서 두 표본평균 차이의 표준오차는 표본평균의 표준오차를 각각 제곱하고 합한 후 제곱근을 취해 계산한다. 예를 들어, 표본평균의 표준오차가 각각 8, 15 였다면, 두 표본평균 차이의 표준오차는 $\sqrt{8^2+15^2}=17$이 된다.

평균의 차이가 없다고 귀무가설을 설정하면, 복수표본 z-통계량은 두 표본평균 차이를 그 표준오차로 나눈 것이 된다.

6 회귀분석과 t-통계량

회귀분석 결과로 찾은 계수의 값들이 0이 아니라고 하더라도, 이 값들이 통계적으로 유의하게 0과 다른지 확인하려면, 유의성을 검정해야 한다.

연구자가 관찰한 표본 자료에 두 변수 X와 Y의 관측치 n개가 있다. 두 변수 사이의 선형 관계 $y = a + bX$를 가정하고, 최소자승법을 적용하여, 절편 a와 기울기 b를 다음과 같이 추정하였다.

$$\hat{b} = \frac{\sum_{i=1}^{n}(X_i - \overline{X})(Y_i - \overline{Y})}{\sum_{i=1}^{n}(X_i - \overline{X})^2}$$

$$\hat{a} = \overline{Y} - \hat{b}\overline{X}$$

앞에서 표본평균의 표준오차를 추정하듯이, 이러한 계수 추정치들의 표준오차를 다음과 같이 추정한다.

$$SE(b) = \frac{\sigma}{\sqrt{\sum_{i=1}^{n}(X_i - \overline{X})^2}} \approx \frac{\hat{\sigma}}{\sqrt{\sum_{i=1}^{n}(X_i - \overline{X})^2}}$$

$$SE(a) = \sigma\sqrt{\frac{1}{n} + \frac{\overline{X}^2}{\sum_{i=1}^{n}(X_i - \overline{X})^2}} \approx \hat{\sigma}\sqrt{\frac{1}{n} + \frac{\overline{X}^2}{\sum_{i=1}^{n}(X_i - \overline{X})^2}}$$

$$\hat{\sigma} = \sqrt{\frac{\sum_{i=1}^{n}(Y_i - \hat{a} - \hat{b}X_i)^2}{n - 2}}$$

여기서 σ는 회귀 잔차의 표준편차를 의미한다. 그리고 $\hat{\sigma}$는 그것의 추정치를 의미하는데, 이전에는 추정의 표준오차라고 불렀다.

일종의 모표준편차인 σ를 알 수 없으므로 표본표준편차인 $\hat{\sigma}$으로 대체한다. 모표준편차를 알 수 없으므로, 정규분포를 따른다고 가정하지 않고, t–분포를 따른다고 가정하여, 간단히 t로 표기하는 t–통계량을 다음과 같이 계산한다.

$$t = \frac{\text{계수 추정치} - \text{귀무가설의 기댓값}}{\text{계수 추정치의 표준오차}}$$

즉 계수 추정치의 t–통계량은 계수 추정치와 귀무가설에서 상정하는 기댓값의 차이를 계수 추정치의 표준오차로 나눈 것이다.

회귀분석 결과에 대해 유의성을 검정할 때는 대부분, 독립변수 X가 종속변수 Y와 관련성을 보이지 않는다는, 즉 기울기 $b = 0$이라는, 귀무가설을 설정한다. 귀무가설에서 기울기를 0으로 기대하므로, 계수 추정치를 그 표준오차로 나누어 t–통계량을 추정한다. 그리고 t–분포를 이용해서, t–통계량 추정치보다 더 극단적인 값이 실현될 확률로 p–값을 계산한다.

국세청 2021년 귀속 종합소득세 표본자료에서, 결정세액을 종합소득금액에 대해 선형 회귀하였더니(6.6절 참고), 기울기는 0.37, 기울기의 표준오차는 0.0004로 추정되었다. 종합소득금액이 결정세액과 관련이 없다는 귀무가설을 설정하면, 귀무가설에서 기대하는 기울기는 0이 된다. 기울기 추정치의 t–통계량은 대략 0.37/0.0004 = 1029이 되어, p–값은 0.0001보다 작게 나왔다. 마찬가지로, 절편 추정치의 p–값도 0.0001보다 작게 나온 것을 확인할 수 있다.

로그 결정세액을 로그 종합소득금액에 대해 선형 회귀하였더니, 기울기는 1.54, 기울기의 표준오차는 0.007로 나타났다. 여기서의 기울기를, 로그 변환된 변수가 원래 변수의 변화율에 근사한다고 가정하여, 탄력성으로 해석한다고 설명하였다. 결정세액의 종합소득 탄력성이 0이라는 귀무가설을 설명하면, 귀무가설에서 기대하는 기울기는 0이 된다. 기울기 추정치의 t–통계량은 1.54/0.007 = 230 가량이 되어, p–값은 0.0001보다 작게 나왔다. 그리고 절편 추정치의 p–값도 0.0001보다 작게 나왔다.

그림 9-1 결정세액을 종합소득금액에 대해 회귀

```
. summarize 결정세액 종합소득금액 if 귀속연도 == 2021

    Variable |        Obs        Mean    Std. dev.       Min        Max
-------------+---------------------------------------------------------
    결정세액 |    186,728    35.18456    220.7937          0       9510
종합소득금액 |    186,728    144.5806    596.9941          0      25750

. regress 결정세액 종합소득금액 if 귀속연도 == 2021, vce(robust)

Linear regression                               Number of obs     =    186,728
                                                F(1, 186726)      >   99999.00
                                                Prob > F          =     0.0000
                                                R-squared         =     0.9941
                                                Root MSE          =     16.995

------------------------------------------------------------------------------
             |               Robust
    결정세액 | Coefficient  std. err.      t    P>|t|     [95% conf. interval]
-------------+----------------------------------------------------------------
종합소득금액 |   .3687451   .0003583  1029.19   0.000     .3680428    .3694473
       _cons |  -18.12884   .0536441  -337.95   0.000    -18.23398    -18.0237
------------------------------------------------------------------------------
```

그림 9-2 로그 결정세액을 로그 종합소득금액에 대해 회귀

```
. summarize 로그세액 로그소득금액 if 귀속연도 == 2021

    Variable |        Obs        Mean    Std. dev.       Min        Max
-------------+---------------------------------------------------------
      로그세액 |    186,728    1.219706    2.787413  -5.298317     9.1601
   로그소득금액 |    186,728    4.025802    1.546015  -5.298317   10.15619

. regress 로그세액 로그소득금액 if 귀속연도 == 2021, vce(robust)

Linear regression                               Number of obs     =    186,728
                                                F(1, 186726)      =   52788.54
                                                Prob > F          =     0.0000
                                                R-squared         =     0.7251
                                                Root MSE          =     1.4615

------------------------------------------------------------------------------
             |               Robust
      로그세액 | Coefficient  std. err.      t    P>|t|     [95% conf. interval]
-------------+----------------------------------------------------------------
   로그소득금액 |   1.535267   .0066821   229.76   0.000      1.52217    1.548364
       _cons |  -4.960975   .0290177  -170.96   0.000    -5.017849   -4.904101
------------------------------------------------------------------------------
```

앞에 제시한 그림은 통계프로그램(Stata)을 이용하여 회귀 분석한 결과를 보여준다. 먼저 각 변수 별로 관측치 개수, 평균, 표준편차, 최솟값, 최댓값을 보여준다. 이어서 각 독립변수를 종속변수에 대해 선형 회귀한 결과를 보여준다. 관측치 개수, 선형회귀식의 F-통계량과 p-값, 결정계수(R-squared), 추정의 표준오차(Root MSE)를 제시한다. 그리고 표에서 기울기와 절편의 계수 추정치, 표준오차, t-통계량, p-값, 95% 신뢰구간을 제시한다.

참고로, 선형회귀식의 F-통계량과 p-값은 독립변수의 기울기들이, 본문의 예에서는 독립변수가 하나뿐이지만 만약 독립변수가 여럿이라고 하더라도, 모두 0이라는 귀무가설을 설정하고 표본에서 관찰한 기울기들보다 더 극단적인 기울기들을 관찰할 확률을 추정한 것이다. 회귀식에서 독립변수 조합의 통계적 유의성을 검정하는 것이라고 해석할 수 있다.

7 유의성 검정

통계적 유의성(statistical significance)을 검정하는 절차를 유의수준, 검정통계량, p-값의 개념을 바탕으로 다음과 같이 정리할 수 있다.

1) 귀무가설을 설정하고, 유의수준 α를 미리 정한다.

가설은 모집단의 상태에 대한 진술이다. 유의수준 α는 제1종 오류를 저지를 확률의 최댓값을 의미한다.

2) 귀무가설이 옳다고 가정한 후, 검정통계량을 계산한다.

검정통계량은 표본통계량과 귀무가설에서 상정하는 기댓값의 차이를 표본통계량의 표준오차로 나눈 것이다. 검정통계량이 정규분포를 따를 것으로 가정하면, z-통계량이 된다. 검정통계량이 t-분포를 따르면, t-통계량이 된다.

3) 검정통계량의 분포와 대립가설의 방향에 따라, p-값을 계산한다.

p-값은 귀무가설이 옳다고 가정하고 실제로 표본에서 관찰한 검정통계량보다 더 극단적인 값을 관찰할 확률을 의미한다. 대립가설에 방향성이 없다면, 양쪽 극단의 영역에 해당하는 확률을 고려하여, 양측 검정을 한다. 대립가설에 방향성이 있다면, 어느 한 쪽 극단의 영역에 해당하는 확률만 고려하여, 단측 검정을 한다.

4) p-값 $\leq \alpha$이면 유의수준 α에서 귀무가설을 기각한다. p-값 $> \alpha$이면 귀무가설을 기각하지 않는다.

표본자료를 이용하여 가설을 직접적으로 증명할 수 없다. 도저히 수

긍하기 어려운 가설만 기각하는 방식으로, 간접적으로 모집단의 상태에 대해 추측할 뿐이다.

지금까지 살펴본 것처럼, 유의수준 α를 미리 설정한 후 표본에서 계산한 p-값과 비교하여 귀무가설을 기각할지 여부를 판단하는 검정 절차는 영국 통계학자 로날드 피셔(Ronald Fisher)가 창안한 것이다. 손쉽게 가설의 기각 여부를 판단할 수 있어, 통계적 추론을 이용하는 거의 모든 학문 분야에서 이용되고 있다. 하지만 유의수준 α에 따라 기각 여부가 달라지기 때문에, 그 타당성에 대해 비판과 논란이 있기도 하다. 예를 들어, 유의수준 α = 0.05로 설정하였을 때, p-값이 0.049로 나왔다면 귀무가설을 기각하지만, p-값이 0.051로 나왔다면 귀무가설을 기각하지 않는다. 작은 p-값의 차이, 0.002 또는 0.2% 확률 차이가 귀무가설의 운명을 가르는 것이다. 그래서 통상적인 유의수준 α에 의존하기보다는, 연구 결과에서 p-값을 그대로 보고하고 그 시사점을 논의해야 한다는 주장이 설득력을 얻고 있다.

한 번 더 강조하면, p-값은 귀무가설이 옳다고 가정하고 실제로 표본에서 관찰한 검정통계량보다 더 극단적인 값을 관찰할 확률을 의미한다. 이러한 p-값을 귀무가설이 옳을 확률로 해석하거나, 표본을 우연히 관찰할 확률로 해석하면 안 된다.

연습 문제

1. 국세청 2021년 귀속 종합소득세 표본자료에서, 결정세액을 종합소득금액 및 남성, 수도권, 외부조정 지시변수에 대해 선형 회귀하였더니, 결과가 다음과 같았다. 유의성 검정 절차를 바탕으로 회귀 결과를 해석하라.

그림 9-3 결정세액 회귀 결과

```
. summarize 결정세액 종합소득금액 남성 수도권 외부조정 if 귀속연도 == 2021

    Variable |        Obs        Mean    Std. dev.       Min        Max
-------------+---------------------------------------------------------
    결정세액 |    186,728    35.18456    220.7937          0       9510
 종합소득금액 |    186,728    144.5806    596.9941          0      25750
        남성 |    186,728    .6801712    .4664113          0          1
      수도권 |    186,728    .6146909    .4866696          0          1
    외부조정 |    186,728    .2480774    .4318981          0          1

. regress 결정세액 종합소득금액 남성 수도권 외부조정 if 귀속연도 == 2021, vce(robust)

Linear regression                               Number of obs     =    186,728
                                                F(4, 186723)      >   99999.00
                                                Prob > F          =     0.0000
                                                R-squared         =     0.9942
                                                Root MSE          =      16.79

------------------------------------------------------------------------------
             |               Robust
    결정세액 | Coefficient  std. err.      t    P>|t|     [95% conf. interval]
-------------+----------------------------------------------------------------
 종합소득금액 |   .3690167   .0003516  1049.67   0.000     .3683276    .3697057
        남성 |  -5.601444   .0770615   -72.69   0.000    -5.752483   -5.450406
      수도권 |  -.8913549   .0777986   -11.46   0.000    -1.043838   -.7388715
    외부조정 |   .0398203   .0708129     0.56   0.574    -.0989713     .178612
       _cons |  -13.82014   .0798592  -173.06   0.000    -13.97666   -13.66362
------------------------------------------------------------------------------
```

2. 국세청 2021년 귀속 종합소득세 표본자료에서, 로그 결정세액을 로그 종합소득금액 및 남성, 수도권, 외부조정 지시변수에 대해 선형회귀하였더니, 결과가 다음과 같았다. 유의성 검정 절차를 바탕으로 회귀 결과를 해석하라.

그림 9-4 로그 결정세액 회귀 결과

```
. summarize 로그세액 로그소득금액 남성 수도권 외부조정 if 귀속연도 == 2021

    Variable |        Obs        Mean    Std. dev.       Min        Max
-------------+---------------------------------------------------------
    로그세액 |    186,728    1.219706    2.787413  -5.298317     9.1601
로그소득금액 |    186,728    4.025802    1.546015  -5.298317   10.15619
        남성 |    186,728    .6801712    .4664113          0          1
      수도권 |    186,728    .6146909    .4866696          0          1
    외부조정 |    186,728    .2480774    .4318981          0          1

. regress 로그세액 로그소득금액 남성 수도권 외부조정 if 귀속연도 == 2021, vce(robust)

Linear regression                               Number of obs     =    186,728
                                                F(4, 186723)      =   20542.32
                                                Prob > F          =     0.0000
                                                R-squared         =     0.7313
                                                Root MSE          =      1.445

------------------------------------------------------------------------------
             |               Robust
    로그세액 | Coefficient  std. err.      t    P>|t|     [95% conf. interval]
-------------+----------------------------------------------------------------
로그소득금액 |   1.515951    .006757   224.35   0.000     1.502707    1.529194
        남성 |   .1658082   .0082741    20.04   0.000     .1495911    .1820253
      수도권 |   .1212675   .0070384    17.23   0.000     .1074724    .1350626
    외부조정 |   .4582631   .0073107    62.68   0.000     .4439344    .4725918
       _cons |  -5.184215   .0267666  -193.68   0.000    -5.236677   -5.131753
------------------------------------------------------------------------------
```

3. 주세율 인상을 상정하고 무작위 추출 표본 900명을 구성하여 설문조사를 수행하였다. 세율 인상 전후 주세액 변화의 1인당 평균은 11,000원이었고, 표준편차는 228,000원이었다. 세율 인상 후 1인당 평균 주세액이 증가할 것이라고 볼 수 있는지 설명하라.

4. 유의성 검정할 때 제1종 오류가 제2종 오류보다 더 위험한 상황의 예를 찾아 설명하라. 반대로, 제2종 오류가 더 위험한 예도 찾아보라.

5. 세통상사에서 직원들의 결근을 줄이기 위해 유연근무제를 실시하였다. 새 제도를 실시하기 이전에 세통상사 직원들의 연평균 결근일수는 4.9일이었다. 새 제도를 실시한 이후, 400명의 종업원을 무작위로 추출하여 결근일수를 분석하였더니, 연간 결근일수 평균은 4.4일이고, 표준편차는 5.0일이었다. 세통상사에서 유연근무제를 실시한 후 결근이 감소하였다고 볼 수 있는가?

6. 검정 상자로부터 무작위 복원추출로 225장을 뽑았다. 그 평균이 51이고 표준편차가 9이었다. 이와는 독립적으로 노랑 상자로부터 무작위 복원추출로 400장을 뽑았다. 그 평균이 49이고 표준편차가 16이었다. 두 상자의 평균이 같다고 볼 수 있는가?

참고문헌

Blundell, R., Macurdy, T. (2008). Labour Supply. The New Palgrave Dictionary of Economics. Palgrave Macmillan, London.

Card, D., Krueger, A.B. (1994). Minimum Wages and Employment: A Case Study of the Fast-Food Industry in New Jersey and Pennsylvania. American Economic Review 84 (4): 772-793.

Davies, R.B. (2004). Tax Treaties and Foreign Direct Investment: Potential versus Performance. International Tax and Public Finance 11, 775-802.

DeCicca, P., Kenkel, D., Lovenheim, M.F. (2022). The Economics of Tobacco Regulation: A Comprehensive Review. Journal of Economic Literature 60 (3): 883-970.

Fullerton, D. (2008). Laffer Curve. The New Palgrave Dictionary of Economics. Palgrave Macmillan, London.

Greenland, S., Senn, S.J., Rothman, K.J. et al. (2016). Statistical Tests, p-Values, Confidence Intervals, and

Power: A Guide to Misinterpretations. European Journal of Epidemiology 31, 337-350.

Hong, S. (2018). Tax Treaties and Foreign Direct Investment: A Network Approach. International Tax and Public Finance 25, 1277-1320.

Spiegelhalter, D. (2019). The Art of Statistics: How to Learn from Data. Basic Books, New York.

Wasserstein, R.L., Lazar, N.A. (2016). The ASA Statement on p-Values: Context, Process, and Purpose. The American Statistician, 70 (2): 129-133.

데이비드 스피겔할터 (저자). 권혜승, 김영훈 (역자). (2020). 숫자에 약한 사람들을 위한 통계학 수업. 웅진지식하우스.

류근관. (2013). 통계학. 법문사.

윤정연. (2024). 처음 만나는 통계와 데이터분석. 한국금융연수원.

오영민, 박노욱, 강희우. (2015). 재정사업 사전검증체계 강화를 위한 연구. 한국조세재정연구원.

국세청. (2023). 국세데이터 활용안내서.

국세청 국세통계센터 누리집. https://datalab.nts.go.kr/

중앙선거관리위원회 중앙선거여론조사심의위원회 누리집.

https://www.nesdc.go.kr/portal/bbs/B0000005/list.do

부록

분포표

표 1 표준정규분포표

z	0.00	0.01	0.02	0.03	0.04	0.05	0.06	0.07	0.08	0.09
0.0	0.0000	0.0040	0.0080	0.0120	0.0160	0.0199	0.0239	0.0279	0.0319	0.0359
0.1	0.0398	0.0438	0.0478	0.0517	0.0557	0.0596	0.0636	0.0675	0.0714	0.0754
0.2	0.0793	0.0832	0.0871	0.0910	0.0948	0.0987	0.1026	0.1064	0.1103	0.1141
0.3	0.1179	0.1217	0.1255	0.1293	0.1331	0.1368	0.1406	0.1443	0.1480	0.1517
0.4	0.1554	0.1591	0.1628	0.1664	0.1700	0.1736	0.1772	0.1808	0.1844	0.1879
0.5	0.1915	0.1950	0.1985	0.2019	0.2054	0.2088	0.2123	0.2157	0.2190	0.2224
0.6	0.2258	0.2291	0.2324	0.2357	0.2389	0.2422	0.2454	0.2486	0.2518	0.2549
0.7	0.2580	0.2612	0.2642	0.2673	0.2704	0.2734	0.2764	0.2794	0.2823	0.2852
0.8	0.2881	0.2910	0.2939	0.2967	0.2996	0.3023	0.3051	0.3079	0.3106	0.3133
0.9	0.3159	0.3186	0.3212	0.3238	0.3264	0.3289	0.3315	0.3340	0.3365	0.3389
1.0	0.3413	0.3438	0.3461	0.3485	0.3508	0.3531	0.3554	0.3577	0.3599	0.3621
1.1	0.3643	0.3665	0.3686	0.3708	0.3729	0.3749	0.3770	0.3790	0.3810	0.3830
1.2	0.3849	0.3869	0.3888	0.3907	0.3925	0.3944	0.3962	0.3980	0.3997	0.4015
1.3	0.4032	0.4049	0.4066	0.4082	0.4099	0.4115	0.4131	0.4147	0.4162	0.4177
1.4	0.4192	0.4207	0.4222	0.4236	0.4251	0.4265	0.4279	0.4292	0.4306	0.4319
1.5	0.4332	0.4345	0.4357	0.4370	0.4382	0.4394	0.4406	0.4418	0.4430	0.4441

z	0.00	0.01	0.02	0.03	0.04	0.05	0.06	0.07	0.08	0.09
1.6	0.4452	0.4463	0.4474	0.4485	0.4495	0.4505	0.4515	0.4525	0.4535	0.4545
1.7	0.4554	0.4564	0.4573	0.4582	0.4591	0.4599	0.4608	0.4616	0.4625	0.4633
1.8	0.4641	0.4649	0.4656	0.4664	0.4671	0.4678	0.4686	0.4693	0.4700	0.4706
1.9	0.4713	0.4719	0.4726	0.4732	0.4738	0.4744	0.4750	0.4756	0.4762	0.4767
2.0	0.4773	0.4778	0.4783	0.4788	0.4793	0.4798	0.4803	0.4808	0.4812	0.4817
2.1	0.4821	0.4826	0.4830	0.4834	0.4838	0.4842	0.4846	0.4850	0.4854	0.4857
2.2	0.4861	0.4865	0.4868	0.4871	0.4875	0.4878	0.4881	0.4884	0.4887	0.4890
2.3	0.4893	0.4896	0.4898	0.4901	0.4904	0.4906	0.4909	0.4911	0.4913	0.4916
2.4	0.4918	0.4920	0.4922	0.4925	0.4927	0.4929	0.4931	0.4932	0.4934	0.4936
2.5	0.4938	0.4940	0.4941	0.4943	0.4945	0.4946	0.4948	0.4949	0.4951	0.4952
2.6	0.4953	0.4955	0.4956	0.4957	0.4959	0.4960	0.4961	0.4962	0.4963	0.4964
2.7	0.4965	0.4966	0.4967	0.4968	0.4969	0.4970	0.4971	0.4972	0.4973	0.4974
2.8	0.4974	0.4975	0.4976	0.4977	0.4977	0.4978	0.4979	0.4980	0.4980	0.4981
2.9	0.4981	0.4982	0.4983	0.4983	0.4984	0.4984	0.4985	0.4985	0.4986	0.4986
3.0	0.4987	0.4987	0.4987	0.4988	0.4988	0.4989	0.4989	0.4989	0.4990	0.4990

* 0 이상 z 이하인 구간에 속할 확률을 의미한다.

표 2 t-분포표

d.f. \ α	0.1	0.05	0.025	0.01	0.005	0.0025	0.001	0.0005
1	3.078	6.314	12.710	31.820	63.660	127.300	318.300	636.600
2	1.886	2.920	4.303	6.965	9.925	14.090	22.330	31.600
3	1.638	2.353	3.182	4.541	5.841	7.453	10.210	12.920
4	1.533	2.132	2.776	3.747	4.604	5.598	7.173	8.610
5	1.476	2.015	2.571	3.365	4.032	4.773	5.893	6.869
6	1.440	1.943	2.447	3.143	3.707	4.317	5.208	5.959
7	1.415	1.895	2.365	2.998	3.499	4.029	4.785	5.408
8	1.397	1.860	2.306	2.896	3.355	3.833	4.501	5.041
9	1.383	1.833	2.262	2.821	3.250	3.690	4.297	4.781
10	1.372	1.812	2.228	2.764	3.169	3.581	4.144	4.587
11	1.363	1.796	2.201	2.718	3.106	3.497	4.025	4.437
12	1.356	1.782	2.179	2.681	3.055	3.428	3.930	4.318
13	1.350	1.771	2.160	2.650	3.012	3.372	3.852	4.221
14	1.345	1.761	2.145	2.624	2.977	3.326	3.787	4.140
15	1.341	1.753	2.131	2.602	2.947	3.286	3.733	4.073
16	1.337	1.746	2.120	2.583	2.921	3.252	3.686	4.015
17	1.333	1.740	2.110	2.567	2.898	3.222	3.646	3.965
18	1.330	1.734	2.101	2.552	2.878	3.197	3.610	3.922
19	1.328	1.729	2.093	2.539	2.861	3.174	3.579	3.883
20	1.325	1.725	2.086	2.528	2.845	3.153	3.552	3.850
21	1.323	1.721	2.080	2.518	2.831	3.135	3.527	3.819
22	1.321	1.717	2.074	2.508	2.819	3.119	3.505	3.792
23	1.319	1.714	2.069	2.500	2.807	3.104	3.485	3.767
24	1.318	1.711	2.064	2.492	2.797	3.091	3.467	3.745
25	1.316	1.708	2.060	2.485	2.787	3.078	3.450	3.725
26	1.315	1.706	2.056	2.479	2.779	3.067	3.435	3.707
27	1.314	1.703	2.052	2.473	2.771	3.057	3.421	3.690
28	1.313	1.701	2.048	2.467	2.763	3.047	3.408	3.674
29	1.311	1.699	2.045	2.462	2.756	3.038	3.396	3.659
30	1.310	1.697	2.042	2.457	2.750	3.030	3.385	3.646
∞	1.282	1.645	1.960	2.326	2.576	2.807	3.090	3.291

* 자유도(d.f.)별로 꼬리 구간에 속하는 비율(α)에 해당하는 경계값을 의미한다.

부록

실습 코드

본 부록에서는 통계 분석 실습을 위한 Stata 코드를 소개한다. 통계 프로그램인 Stata에서는 세 종류의 파일을 주로 이용한다. 먼저 실행 명령어를 모아 놓은 코드로서 *.do 파일이 있다. 그리고, Stata 양식의 자료로서 *.dta 파일이 있고, 실행 경과를 기록하는 로그로서 *.log 파일이 있다.

대체로 do 파일을 열어 dta 파일을 메모리로 불러들인 후, 자료 처리, 변수 계산, 추정 등 명령어를 수행하고, 그 경과를 log 파일에 저장하는 순서로 작업을 진행한다.

만약 바로 쓸 수 있는 dta 파일이 없는 상황이라면, 엑셀, 텍스트 형식으로 저장되어 있는 외부 자료를 불러와서 dta 파일로 변환하고, 자료 처리 및 확인 작업을 진행한 다음, 분석을 수행한다.

이후 분석한 결과를 화면에 출력하고 로그에 기록한다. 물론 워드, 엑셀, LaTeX 등 깔끔하게 정리된 양식으로 결과를 저장할 수도 있다.

지금부터는 본문을 작성하는 데 이용했던 Stata 코드를 설명한다.

* 새로운 작업을 시작하기 위해, 메모리에 남아 있는 자료를 지우고, 작업 폴더를 설정한다.

```
clear all
cd "D:₩TaxStat"
```

* 작업 기록을 위해 로그 파일을 설정한다.

```
capture log close
log using "TaxStat-250710.log", replace
set more off
```

* 국세청 종합소득세 표본자료를 국세통계센터 누리집에서 다운로드한다.
* 국세청 국세통계센터 누리집. https://datalab.nts.go.kr/
* 국세청. (2023). 국세데이터 활용안내서.

* 귀속연도별로 다운로드한 엑셀 파일은 다음과 같다.
* 국세청, 2018년 종합소득세 표본자료, 20240910
* 국세청, 2019년 종합소득세 표본자료, 20240910
* 국세청, 2020년 종합소득세 표본자료, 20240910
* 국세청, 2021년 종합소득세 표본자료, 20240910

* 귀속연도별 엑셀 파일을 불러들여 Stata 데이터 파일로 변환한다.

```
import excel "..₩TaxStat₩NTSPIT₩국세청,2018 년 종합소득세
표본자료,20240910.xlsx", sheet("소득표본자료") firstrow clear
generate 귀속연도 = 2018
order 귀속연도, first
save "NTSPIT18.dta", replace
```

```
import excel "..₩TaxStat₩NTSPIT₩국세청,2019년 종합소득세
표본자료,20240910.xlsx", sheet("소득표본자료") firstrow clear
generate 귀속연도 = 2019
order 귀속연도, first
save "NTSPIT19.dta", replace

import excel "..₩TaxStat₩NTSPIT₩국세청,2020년 종합소득세
표본자료,20240910.xlsx", sheet("소득표본자료") firstrow clear
generate 귀속연도 = 2020
order 귀속연도, first
save "NTSPIT20.dta", replace

import excel "..₩TaxStat₩NTSPIT₩국세청,2021년 종합소득세
표본자료,20240910.xlsx", sheet("소득표본자료") firstrow clear
generate 귀속연도 = 2021
order 귀속연도, first
save "NTSPIT21.dta", replace
```

* 귀속연도별 Stata 데이터 파일을 결합한다.

```
use "NTSPIT18.dta", clear
append using "NTSPIT19.dta"
append using "NTSPIT20.dta"
append using "NTSPIT21.dta"
```

* 변수 설명(label)을 추가한다.

```
label variable 귀속연도 "귀속연도"
label variable 가중치 "표본자료 가중치"
label variable 소득분위층 "종합소득금액 기준 1~45층"
label variable 성별 "남/여"
```

```
label variable 연령대 "34 세 이하 / 35 세~44 세 / 45 세~54 세 /
55 세~64 세 / 65 세 이상"
label variable 지역 "수도권/비수도권"
label variable 업태 "제조업 / 건설업 / 도·소매업 / 음식숙박업 /
운수창고통신업 / 기타"
label variable 신고서소득세신고유형 "외부조정 / 자기조정 및 성실신고확인 /
간편장부 / 기준경비율 / 단순경비율 / 비사업자"
label variable 기장의무구분 "복식부기의무자 / 간편장부대상자 / 비사업자 /
해당없음"
label variable 총수입합계금액 "이자·배당소득명세서소득금액·배당액 +
사업소득명세서 총수입금액 + 근로·연금·기타소득명세서 수입금액"
label variable 필요경비합계금액 "사업소득명세서 총 필요경비 +
근로·연금·기타소득명세서 필요경비"
label variable 종합소득금액 "이자·배당소득명세서 소득금액 +
사업소득명세서 총 소득금액 + 근로·연금·기타소득명세서 소득금액, 제 40 호
서식 (4)-19"
label variable 인적공제금액 "인적 기본공제액 + 추가공제액, 제 40 호 서식
(11)-8"
label variable 소득공제합계액 "소득세법 상 소득공제액 + 조세특례제한법상
소득공제액, 제 40 호 서식 (11)-22"
label variable 과세표준금액 "종합소득금액 - 소득공제액, 제 40 호 서식 (4)-21"
label variable 산출세액 "종합소득세 과세표준 * 세율, 제 40 호 서식 (4)-23"
label variable 세액공제 "소득세법상 세액공제 + 조세특례제한법상
세액공제, 제 40 호 서식 (4)-25"
label variable 결정세액 "산출세액-세액감면액-세액공제액, 제 40 호 서식
(4)-28"
```

* 숫자이지만 문자로 인식되고 있는 변수들을 숫자로 인식되도록 바꾼다. 불필요한 문자는 지우고 숫자로 바꾼다.

```
destring 일련번호 가중치 총수입합계금액 필요경비합계금액 종합소득금액
인적공제금액 소득공제합계액 과세표준금액 산출세액 세액공제 결정세액,
```

```
replace
destring 소득분위층, replace ignore("층")
```

* 자료를 저장한다.

```
save "NTSPIT-240910.dta", replace
```

* 문자 변수들을 확인한다.

* 2021년 표본자료의 성별과 연령대 변수에 입력 오류가 있다.

```
tabulate 성별
tabulate 연령대
```

* 나머지 문자 변수들도 확인한다.

```
tabulate 지역
tabulate 업태
tabulate 신고서소득세신고유형
tabulate 기장의무구분
```

* 2021년 표본자료에서 성별, 연령대 변수의 오류를 수정한다.

```
use "NTSPIT-240910.dta", clear
keep if 귀속연도 == 2021

rename 연령대 연령
rename 성별 연령대
rename 연령 성별

label variable 성별 "남/여"
```

```
label variable 연령대 "34 세 이하 / 35 세~44 세 / 45 세~54 세 /
55 세~64 세 / 65 세 이상"

save "NTSPIT21-240910.dta", replace
```

* 2021년 표본자료를 다시 결합한다.

```
use "NTSPIT-240910.dta", clear
keep if 귀속연도 != 2021
append using "NTSPIT21-240910.dta"
```

* 업태 변수에서, 출력 오류 가능성이 있고 굳이 필요하지 않은, 문자 기호 (·)를 삭제한다.

```
replace 업태 = "도소매업" if 업태 == "도·소매업"
replace 업태 = "운수창고통신업" if 업태 == "운수·창고·통신업"
replace 업태 = "음식숙박업" if 업태 == "음식·숙박업"
label variable 업태 "제조업 / 건설업 / 도소매업 / 음식숙박업 /
운수창고통신업 / 기타"
tabulate 업태
```

* 남성, 수도권, 외부조정 지시변수를 정의한다.

```
generate 남성 = 0
replace  남성 = 1 if 성별 == "남성"

generate 수도권 = 0
replace  수도권 = 1 if 지역 == "수도권"

generate 외부조정 = 0
replace  외부조정 = 1 if 신고서소득세신고유형 == "외부조정"
```

* 실효세율(퍼센트 단위) 정의한다.

```
generate 종소실효세율 = (결정세액/종합소득금액)*100
generate 과표실효세율 = (결정세액/과세표준금액)*100
```

* 금액 변수의 단위를 원에서 백만 원으로 변환한다.

```
replace  총수입합계금액 = 총수입합계금액/1000000
replace  필요경비합계금액 = 필요경비합계금액/1000000
replace  종합소득금액 = 종합소득금액/1000000
replace  인적공제금액 = 인적공제금액/1000000
replace  소득공제합계액 = 소득공제합계액/1000000
replace  과세표준금액 = 과세표준금액/1000000
replace  산출세액 = 산출세액/1000000
replace  세액공제 = 세액공제/1000000
replace  결정세액 = 결정세액/1000000
```

* 지금까지 작업한 18-21년 표본자료를 저장한다.

```
save "NTSPIT-250710.dta", replace
```

* 자료에서 변수 설명과 통계량을 화면에 출력한다.

```
describe
summarize
```

* 귀속연도별 관측치 개수를 확인한다.

```
tabulate 귀속연도
```

* 히스토그램을 그리기 위해 임시로 변수 라벨을 바꾼다.

```
label variable 종합소득금액 "종합소득금액(백만 원)"
label variable 결정세액 "결정세액(백만 원)"
```

* 종합소득금액의 히스토그램을 그린다.

```
histogram 종합소득금액 if 귀속연도 == 2021, width(10)
histogram 종합소득금액 if 귀속연도 == 2021 & 종합소득금액 <= 300,
width(10)
```

* 결정세액의 히스토그램을 그린다.

```
histogram 결정세액 if 귀속연도 == 2021, width(10)
histogram 결정세액 if 귀속연도 == 2021 & 결정세액 <= 60, width(2)
```

* 2021년 표본자료에서 통계량을 확인한다.

```
summarize 총수입합계금액 필요경비합계금액 종합소득금액 인적공제금액
소득공제합계액 과세표준금액 산출세액 세액공제 결정세액 남성 수도권
외부조정 if 귀속연도 == 2021
```

* 몇몇 변수의 통계량을 자세히 (다양하게) 확인한다.

```
summarize 종합소득금액 if 귀속연도 == 2021, detail
summarize 결정세액 if 귀속연도 == 2021, detail
```

* 상자 그림을 그린다. 인접값의 범위를 넘어서는, 잠재적인 이상치들이 자료에 많이 존재한다.

```
graph box 종합소득금액, over(귀속연도)
```

```
graph box 결정세액, over(귀속연도)
```

* 잠재적인 이상치들을 제외하고, 수평으로 상자 그림을 그린다.

```
graph hbox 종합소득금액, nooutsides over(귀속연도)
graph hbox 결정세액, nooutsides over(귀속연도)
```

* 종합소득금액, 결정세액이 10만 원(= 0.1) 이하인 관측치 개수를 확인한다.

```
tabulate 종합소득금액 if 종합소득금액 <= 0.1
tabulate 결정세액 if 결정세액 <= 0.1
```

* 로그 값을 정의하기 위해 0원을 0 아닌 작은 값으로 대신하여 가정한다.

* 종합소득금액 = 0이면 0.005(=5천 원)으로 대체한다.

* 결정세액 = 0이면 0.005(=5천 원)으로 대체한다.

```
generate 로그소득금액 = ln(종합소득금액+0.005)
label variable 로그소득금액 "로그 종합소득금액"

generate 로그세액 = ln(결정세액+0.005)
label variable 로그세액 "로그 결정세액"
```

* 로그 종합소득금액의 히스토그램을 그린다.

```
histogram 로그소득금액 if 귀속연도 == 2021
histogram 로그소득금액 if 귀속연도 == 2021 & 종합소득금액 >= 0.01,
normal
```

* 로그 결정세액의 히스토그램을 그린다.

```
histogram 로그세액 if 귀속연도 == 2021
histogram 로그세액 if 귀속연도 == 2021 & 결정세액 >= 0.006, normal
```

* 피어슨 상관계수를 계산한다.

```
correlate 결정세액 종합소득금액 if 귀속연도 == 2021
correlate 결정세액 종합소득금액 if 귀속연도 == 2021 & 종합소득금액 <=
300 & 결정세액 <= 60
correlate 로그세액 로그소득금액 if 귀속연도 == 2021
```

* 산포도를 그린다.

```
scatter 결정세액 종합소득금액 if 귀속연도 == 2021
scatter 로그세액 로그소득금액 if 귀속연도 == 2021
```

* 결정세액을 종합소득금액에 대해 선형 회귀한다. 통계량도 함께 출력한다.

```
summarize 결정세액 종합소득금액 if 귀속연도 == 2021
regress 결정세액 종합소득금액 if 귀속연도 == 2021, vce(robust)
```

* 로그 결정세액을 로그 종합소득금액에 대해 선형 회귀한다. 통계량도 함께 출력한다.

```
summarize 로그세액 로그소득금액 if 귀속연도 == 2021
regress 로그세액 로그소득금액 if 귀속연도 == 2021, vce(robust)
```

* 남성, 수도권, 외부조정 지시변수를 추가로 통제하여 선형 회귀한다.

```
summarize 결정세액 종합소득금액 남성 수도권 외부조정 if 귀속연도 ==
```

```
2021
regress 결정세액 종합소득금액 남성 수도권 외부조정 if 귀속연도 == 2021,
vce(robust)

summarize 로그세액 로그소득금액 남성 수도권 외부조정 if 귀속연도 ==
2021
regress 로그세액 로그소득금액 남성 수도권 외부조정 if 귀속연도 == 2021,
vce(robust)
```

* 회귀 결과를 자동으로 정리해서 출력, 저장하는 패키지(eststo, outreg2)를 설치한다. 패키지 설치는 처음 한 번만 실시한다.

```
help eststo
net install st0085_2.pkg

help outreg2
ssc install outreg2
```

* 회귀 결과를 표로 정리해서 화면에 출력하고, 엑셀 파일로 저장한다.

```
regress 결정세액 종합소득금액 if 귀속연도 == 2021, vce(robust)
eststo 결정세액1
outreg2 using TaxStat-Reg-250710, excel stats(coef se) paren(se)
alpha(0.001, 0.01, 0.05) symbol(***, **, *) dec(3)
keep(종합소득금액 로그소득금액 남성 수도권 외부조정)
sortvar(종합소득금액 로그소득금액 남성 수도권 외부조정) replace

regress 결정세액 종합소득금액 남성 수도권 외부조정 if 귀속연도 == 2021,
vce(robust)
eststo 결정세액2
outreg2 using TaxStat-Reg-250710, excel stats(coef se) paren(se)
alpha(0.001, 0.01, 0.05) symbol(***, **, *) dec(3)
```

```
keep(종합소득금액 로그소득금액 남성 수도권 외부조정)
sortvar(종합소득금액 로그소득금액 남성 수도권 외부조정)

regress 로그세액 로그소득금액 if 귀속연도 == 2021, vce(robust)
eststo 로그세액1
outreg2 using TaxStat-Reg-250710, excel stats(coef se) paren(se)
alpha(0.001, 0.01, 0.05) symbol(***, **, *) dec(3)
keep(종합소득금액 로그소득금액 남성 수도권 외부조정)
sortvar(종합소득금액 로그소득금액 남성 수도권 외부조정)

regress 로그세액 로그소득금액 남성 수도권 외부조정 if 귀속연도 == 2021,
vce(robust)
eststo 로그세액2
outreg2 using TaxStat-Reg-250710, excel stats(coef se) paren(se)
alpha(0.001, 0.01, 0.05) symbol(***, **, *) dec(3)
keep(종합소득금액 로그소득금액 남성 수도권 외부조정)
sortvar(종합소득금액 로그소득금액 남성 수도권 외부조정)

esttab, se(3) r2 ar2 mtitles order(종합소득금액 로그소득금액 남성
수도권 외부조정)
eststo clear
```

그림 1 eststo 패키지로 화면 출력한 회귀결과

	(1) 결정세액1	(2) 결정세액2	(3) 로그세액1	(4) 로그세액2
종합소득금액	0.369*** (0.000)	0.369*** (0.000)		
로그소득금액			1.535*** (0.007)	1.516*** (0.007)
남성		-5.601*** (0.077)		0.166*** (0.008)
수도권		-0.891*** (0.078)		0.121*** (0.007)
외부조정		0.0398 (0.071)		0.458*** (0.007)
_cons	-18.13*** (0.054)	-13.82*** (0.080)	-4.961*** (0.029)	-5.184*** (0.027)
N	186728	186728	186728	186728
R-sq	0.994	0.994	0.725	0.731
adj. R-sq	0.994	0.994	0.725	0.731

Standard errors in parentheses
* p<0.05, ** p<0.01, *** p<0.001

* 지금부터는 자료를 가상적으로 만들어 이용한다.

* 표준정규분포

* 메모리에 저장된 자료를 지우고, 새로운 자료의 관측치 개수를 설정한다.

```
clear
set obs 10000
```

* 표준정규분포를 따르는 확률변수의 값을 무작위로 생성한다.

* 표준정규분포의 히스토그램과 확률밀도함수를 그린 후 저장한다.

```
generate x = rnormal(0,1)
histogram x, normal
graph save "rnormal-x", replace
graph export "rnormal-x.png", replace
```

그림 2 무작위 생성한 변수의 히스토그램

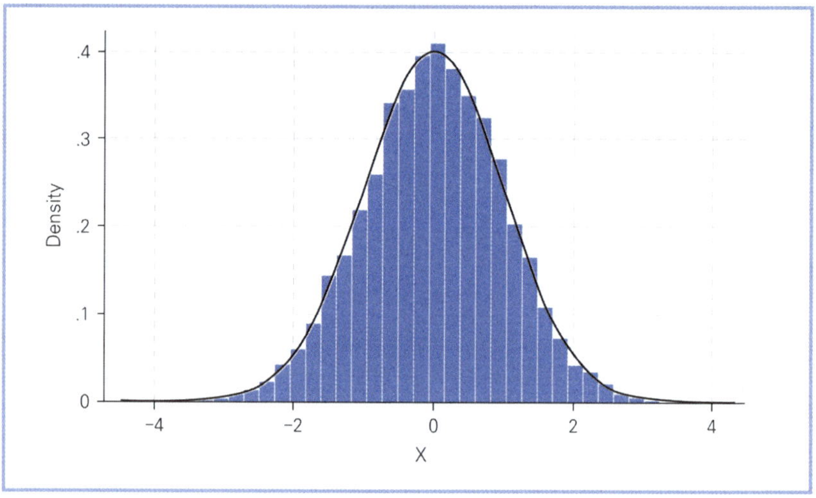


```
* 산포도
* 메모리에 저장된 자료를 지우고, 새로운 자료의 관측치 개수를 설정한다.

clear
set obs 1000

* 가상 자료를 생성한다.

generate x = 2+rnormal(4,1)
generate y1 = 2+rnormal(4,1)
generate y2 = x+rnormal(0,0.73)
generate y3 = x+rnormal(0,1.33)

generate y6 = 10-rnormal(4,1)
generate y7 = 12-x-rnormal(0,0.73)
generate y8 = 12-x-rnormal(0,1.33)
```

* 상관계수를 계산한다.

```
correlate x y1
correlate x y2
correlate x y3

correlate x y6
correlate x y7
correlate x y8
```

* 산포도를 그린다.

```
twoway (scatter y1 x), ylabel(0(2)12) xlabel(0(2)12) ytitle("")
xtitle("") legend(off)
twoway (scatter y2 x), ylabel(0(2)12) xlabel(0(2)12) ytitle("")
xtitle("") legend(off)
twoway (scatter y3 x), ylabel(0(2)12) xlabel(0(2)12) ytitle("")
xtitle("") legend(off)

twoway (scatter y6 x), ylabel(0(2)12) xlabel(0(2)12) ytitle("")
xtitle("") legend(off)
twoway (scatter y7 x), ylabel(0(2)12) xlabel(0(2)12) ytitle("")
xtitle("") legend(off)
twoway (scatter y8 x), ylabel(0(2)12) xlabel(0(2)12) ytitle("")
xtitle("") legend(off)
```

* 상관계수를 계산하고, 선형 회귀한다.

```
correlate y3 x
regress    y3 x
```

* 산포도와 선형회귀식을 함께 그린다.

```
twoway (scatter y3 x) (lfit y3 x), ylabel(0(2)12) xlabel(0(2)12)
ytitle("Y") xtitle("X") legend(off)
graph save "scatter-lfit", replace
graph export "scatter-lfit.png", replace
```

그림 3 **산포도와 선형회귀식**

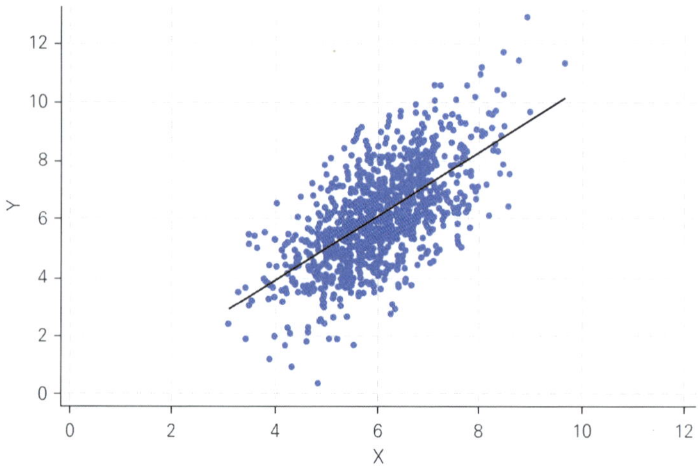

* 표본평균의 표본분포

* 메모리에 저장된 자료를 지우고, 새로운 자료의 관측치 개수를 설정한다.

* n=1000, R=10000

```
clear
set obs 10000000
```

* 표본 크기 1000, 표본 10000 개를 반복하여 생성한다.

```
generate id = _n
generate sampleno = int((id-1)/1000)+1
```

* 상자 모형 [1, 2, …, 8, 9]에서 무작위 복원 추출한다.

```
generate rx = runiform(1, 10)
generate x = int(rx)
```

* 각각의 표본마다 표본평균, 표본합을 계산한다.

```
sort sampleno id
by sampleno: egen meanx = mean(x)
by sampleno: egen sumx = total(x)
```

* 표본별로 표본평균, 표본합을 하나씩만 남긴다.

```
duplicates drop sampleno, force
summarize meanx sumx, detail
```

* 표본평균의 표본분포를 히스토그램으로 그린다.

```
histogram meanx, normal
graph save "meanx-n1000-R10000", replace
graph export "meanx-n1000-R10000.png", replace
```

* 메모리에 저장된 자료를 지우고, 로그 파일을 닫아 저장한다.

```
clear
log close
```

그림 4 **표본평균의 표본분포 예시**

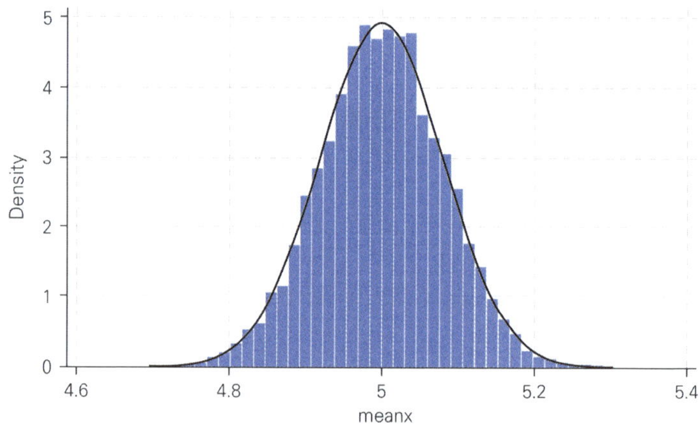

부록 문제 해설

제1장 통계를 배우는 이유

1. 관심 대상의 전체 집합을 모집단으로 생각한다. 모집단의 일부를 표본이라고 한다. 예를 들어, 모든 납세자들의 집합은 모집단이고, 이중에서 일부를 추출한 부분 집합은 표본이 된다. 통계적 추론에서는 표본의 특징으로부터 모집단의 특징을 짐작하는 작업을 한다.
2. 연구자가 래퍼 곡선 이론에 부합하는 실증적 증거가 존재하는지 확인하고, 정부는 적정한 수준의 법인세율을 설정하는 문제에 대해 이러한 연구 결과를 활용할 수 있다. Fullerton(2008)의 설명을 추가로 참고하라. 비슷한 관점에서, 연구자가 노동 공급 곡선의 형태에 대한 가설을 뒷받침할 수 있는 증거를 실제 자료에서 찾고, 정부가 소득세 설계 문제에 그러한 결과를 이용할 수 있다. Blundell and Macurdy(2008)의 설명을 추가로 참고하라.
3. 국가 간의 문화적 유사성, 지리적 근접성 등이 조세조약 체결과 관련이 있을 뿐 아니라, 해외직접투자 결정에도 영향을 미칠 것이다. 문화적 유사성을 측정하는 변수로는, 동일한 공식 언어를

사용하는지, 법적 기원이 비슷한지 (영미, 독일, 프랑스 계열 등) 등이 있을 것이다. 지리적 근접성을 측정하는 변수로는 국가 수도 간의 거리, 시차, 접경 여부 등을 예로서 생각해 볼 수 있다.

4. 일반적으로는 국가 간의 조약 협상 및 체결이 기업의 해외투자 결정에 영향을 미친다고 봐야 할 것이다. 하지만, 국가 간의 경제 규모 차이가 상당하다면, 반대 방향의 영향도 무시할 수 없을 것이다. 예를 들어, 작은 개발도상국(자본수입국)과 큰 선진국(자본수출국)이 조약을 협상하고 있다면, 자본수출국의 투자자가 자신의 이해관계를 관철하기 위해 조약 협상 과정에 영향력을 행사하려고 노력할 것이다. 이러한 가설을 확인하려면, 국가 간의 경제규모 차이를 통제하거나, 경제 규모 차이가 큰 국가 조합에 대해서는 전체의 분석과는 별개로 부분 표본에 대한 분석을 수행할 수 있을 것이다.

5. 정책을 광범위하게 시행하기 이전에 시범적으로 무작위 통제 실험을 실시하여 성과를 검증하고, 그 결과를 세부적인 정책 설계에 반영할 수 있을 것이다. 하지만 이중 눈가림 방식이 가능한지에 대해서는 현실적인 회의론이 있을 수도 있다. 재정사업 사전검증을 위해 무작위 통제 실험을 통한 평가를 검토한 보고서(오영민, 박노욱, 강희우, 2015)를 참고하라.

제2장 변수, 분포, 히스토그램

1. 처음부터 자연스럽게 숫자로 기록되어 있는 변수를 양적 변수라고 한다. 반면 숫자로 기록되지는 않았으나, 일정한 규칙을 부여하여 숫자로 변환하는 변수는 질적 변수라고 봐야 한다. 예를 들

어, 남성, 여성 등 문자로 기록된 성별 변수를 바탕으로 남성 변수(남성이면 1, 여성이면 0) 정의하는 것을 생각해 볼 수 있다.

2. 명목 척도의 예로서 남성 지시변수는 변수의 값이 문자에 대응하는 규칙으로서만 의미를 갖는다. 순서 척도의 예로는 석차를 생각해 볼 수 있다. 1등, 2등과 같은 석차는 순서의 의미만 있기 때문이다. 간격 척도의 예는 온도이다. 10도에서 20도로 온도가 상승하면 10도 간격만큼 상승한 것이고, 다시 30도로 상승하면 동일한 간격만큼 상승한 것이 된다. 하지만 비율에는 별 의미가 없기 때문에 10도에서 20도, 30도가 되었다고 온도가 두 배, 세 배가 되었다고 여기지는 않는다. 이처럼 비율이 의미를 지니려면 절대적인 원점이 척도에 있어야 한다. 자연스럽게 절대적인 원점이 존재하는 척도로는 질량(0 kg), 거리(0 m) 등을 생각해 볼 수 있다. 절대적인 원점을 자연스럽게 정의할 수 있어서 숫자의 비율이 의미를 갖는 경우를 비율 척도라고 부른다.
3. 히스토그램에서 세로축, 즉 단위 구간의 높이를 밀도라고 부른다. 구간의 폭과 높이(밀도)를 곱하여 구한 넓이는 해당 구간에 속한 관측치의 비율이 되는데, 이를 경험적인 확률로 해석할 수 있다.
4. 국세청 종합소득세 표본자료 항목에서 각 변수의 정의를 확인할 수 있다. 이자, 배당, 사업, 근로, 연금, 기타 소득금액 등을 합산하여 종합소득금액을 계산한다. 소득세 계산 절차에 따라 종합소득금액에서 소득공제액을 빼면 과세표준금액이 된다. 여기에 소득세율을 적용하면 산출세액이 된다. 그리고 산출세액에서 세액감면액과 공제액을 빼면, 결정세액이 된다.
5. 종합소득세를 신고하는 사람들의 총수가 변화하면, 이 중 일부(2%)를 추출한 표본의 크기도 변화할 것이다. 최근 들어, 노동시

장 변화에 따라 프리랜서(특수고용직) 일자리가 증가하는 데, 이에 따라 종합소득세 신고인 숫자도 함께 증가하였다. 이에 따라 최근 연도에서 표본 크기도 변화하였을 것이다.

제3장 통계량

1. 모든 재직자에게 연봉을 400만 원씩 더 지급하므로, 평균도 400만 원 오른다. 하지만 표준편차는 그대로 유지된다.
2. 모든 재직자의 연봉을 8퍼센트씩 인상하므로, 평균과 표준편차가 각각 8퍼센트 커진다.
3. 종합소득금액의 히스토그램에서 오른쪽으로 긴 꼬리가 나타난다는 것은 종합소득금액이 극단적으로 큰 관측치들이 자료에 존재한다는 의미이다. 이러한 자료에서는 평균이 극단적인 값의 방향으로 쏠려서, 중위수보다 더 크게 나오는 경향이 있다. 표준편차 역시 극단적인 관측치들의 영향을 받아 사분위수보다 더 크게 나타날 것이다.
4. 지시변수는 0 또는 1의 값을 갖는다. 이러한 지시변수의 평균은 값이 1인 관측치의 비율을 의미한다. 예를 들어, 세무신고 외부조정 지시변수의 평균이 0.25라고 하면, 외부조정을 통해 세무신고한 납세자의 비율이 약 25% 정도라는 것을 뜻한다.
5. 표준편차를 제곱한 것을 분산이라고 부른다. 표본 통계량의 기댓값이 모수와 같으면 불편 추정량이라고 부른다. 자유도 $n-1$로 나누어 정의하는 표본표준편차가 모표준편차의 불편 추정량(unbiased estimator)이 된다는 것을 보인다. 이를 위해 표본분산의 기댓값이 모분산과 같다는 것을 증명한다.

모평균 μ, 모분산 σ^2, 표본평균 $\overline{X}$, 표본분산 SD^2, 기댓값 $E[\bullet]$으로 표기한다. 표본평균의 분산은 모분산을 표본 크기로 나눈 것과 같다고, 즉 $E[(\overline{X}-\mu)^2]=\dfrac{\sigma^2}{n}$이 성립한다고 가정한다. 표본분산의 기댓값이 모분산과 같다는, 즉 $E[SD^2]=\sigma^2$이 성립한다는 것을 보인다. 정의와 가정에 의해 다음 등식이 차례로 성립함을 보일 수 있다.

$$
\begin{aligned}
E[SD^2] &= E\left[\frac{1}{n-1}\sum_{i=1}^{n}(X_i-\overline{X})^2\right] \\
&= \frac{1}{n-1}E\left[\sum_{i=1}^{n}\left((X_i-\mu)+(\mu-\overline{X})\right)^2\right] \\
&= \frac{1}{n-1}E\left[\sum_{i=1}^{n}\left((X_i-\mu)^2+2(X_i-\mu)(\mu-\overline{X})+(\mu-\overline{X})^2\right)\right] \\
&= \frac{1}{n-1}E\left[\sum_{i=1}^{n}(X_i-\mu)^2-2n(\mu-\overline{X})(\mu-\overline{X})+n(\mu-\overline{X})^2\right] \\
&= \frac{1}{n-1}E\left[\sum_{i=1}^{n}(X_i-\mu)^2-n(\overline{X}-\mu)^2\right] \\
&= \frac{1}{n-1}\left[\sum_{i=1}^{n}E(X_i-\mu)^2-nE(\overline{X}-\mu)^2\right] \\
&= \frac{1}{n-1}\left[\sum_{i=1}^{n}\sigma^2-n\frac{\sigma^2}{n}\right] \\
&= \frac{1}{n-1}\left[n\sigma^2-\sigma^2\right]=\sigma^2
\end{aligned}
$$

그러므로 $E[SD^2]=\sigma^2$이 성립하여, 표본분산의 기댓값이 모분산과 같다. 자유도 $n-1$로 나누어 정의하는 표본분산과 표본표준편차가 각각의 모수에 대한 불편 추정량이 된다는 것을 증명하였다.

제4장 확률변수와 정규분포

1. 소득금액, 세액 등의 변수를 관찰하기 이전에 이 값들이 어떻게 실현될 수 있는지 예상해야 하는 상황을 생각해 보면, 이러한 변수를 확률변수, 즉 그 값이 확률적으로 실현되는 변수로 해석할 수 있다.
2. 확률변수를 표준화하면, 정의에 의해 평균 0, 표준편차 1이 되므로, 표준정규분포를 따른다.
3. 퀴즈 점수를 표준화하면, (48−60)/8 = −1.5이고, (72−60)/8 = 1.5이다. 표준정규분포표에서 $\Pr[-1.5 \le z \le 1.5] = 2(0.4332) = 0.8664$라는 것을 확인할 수 있다. 그러므로 48점부터 72점 사이의 점수를 받은 학생의 비율은 약 86.64%가 된다.
4. 퀴즈 점수를 표준화하면, (90−70)/10 = 2이다. 표준정규분포표에서 $\Pr[2 \le z] = 0.5 - 0.4773 = 0.0227$임을 알 수 있다. 전체 응시자가 40명이므로, 약 0.908명이 90점 이상 받을 것으로 예상할 수 있다.
5. 정규분포를 따르는 확률변수에서 표준편차 1배, 2배, 3배 이내의 구간에 있는 관측치의 비율이 각각 68%, 95%, 99.7%가 된다.

제5장 상관관계

1. 상관계수는 0이 된다. 이는 두 변수 사이에 선형관계가 존재하지 않는다는 것을 의미한다.
2. 선형관계는 존재하지 않더라도, 선형이 아닌, 다른 체계적인 관계가 존재할 수 있다. 예를 들어, 좌표 공간에서 어느 점을 중심으로 동심원을 따라 관측치가 분포하면, 상관계수가 0이 된다. 이러

한 경우에도 원형의 관계가 있으므로 변수 사이에 관련성이 없다고 주장하기는 어렵다. 선형의 관계가 없을 뿐이다.

3. 코시-슈바르츠 부등식에 의해 다음이 성립한다.

$$\left[\sum_{i=1}^{n}(X_i-\overline{X})(Y_i-\overline{Y})\right]^2 \le \left[\sum_{i=1}^{n}(X_i-\overline{X})^2\right]\left[\sum_{i=1}^{n}(Y_i-\overline{Y})^2\right]$$

좌변을 우변으로 나누고, 상관계수의 정의를 대입하면, $r^2 \le 1$이 성립한다. 그러므로 상관계수는 최소 -1부터 최대 1까지의 값을 갖는다.

4. 상관계수의 정의로부터 변수의 단위를 변환하면 분모와 분자에서 단위가 소거된다는 것을 확인할 수 있다.

5. 수강생의 전공에 따라 세무전공 변수와 기타전공 변수는 (1, 0) 또는 (0, 1)값만을 갖는다. 두 변수 사이에 음(-)의 완전 상관관계가 있고, 상관계수는 -1이 된다.

제6장 회귀분석

1. 중간고사 점수 X, 기말고사 점수 Y이고, 최소자승법으로 추정한 선형 회귀식은 $Y-65=0.6\frac{15}{10}(X-60)$이다. 정리하면 $Y=0.9X+11$이 된다. 추정의 표준오차는 $15\sqrt{1-0.6^2}=12$ 정도가 될 것이다.

2. 중간고사 점수 X, 기말고사 점수 Y이고, 각각을 표준화한 점수를 Z_X와 Z_Y로 표기한다. 최소자승법으로 추정한 선형 회귀식으로부터 다음 관계가 성립한다.

$$Y-\overline{Y}=r\frac{SD_Y}{SD_X}(X-\overline{X})$$

$$\frac{Y-\overline{Y}}{SD_Y}=r\frac{X-\overline{X}}{SD_X}$$

$$Z_Y=rZ_X$$

중간고사 수강생 50명 중에서 8등이므로 세론이의 백분위는 100−16 = 84퍼센트가 된다. 표준정규분포표를 보면, $Z_X=1.0$일 때의 비율이 0.3413으로 84백분위에 해당한다. 즉 중간고사 점수를 표준화하면 $Z_X=1.0$이다. 상관계수 0.6이므로, 세론이의 기말고사 점수를 표준화하면 $Z_Y=0.6$일 것으로 예상할 수 있다. 백분위로 환산하면, $\Pr[z\le 0.6]=0.5+0.2257=0.7257$이므로, 세론이가 기말고사에서 $50\times(1-0.7257)\approx 13.7$등을 할 것으로 예상할 수 있다.

3. 변수를 5살의 신장 X, 15살의 신장 Y로 설정한다. 최소자승법으로 추정한 선형 회귀식은 $Y-150=0.8\frac{5}{4}(X-105)$이다. 정리하면, $Y=X+45$이다. 추정의 표준오차는 $5\sqrt{1-0.8^2}=3$이다.
4. 최소자승법에 의한 계수 추정치를 도출하기 위해, 목적함수를 다음과 같이 쓸 수 있다.

$$\min_{a,\ b}\sum_{i=1}^{n}[Y_i-(a+bX_i)]^2$$

목적함수를 계수 a와 b로 편미분하여 최소화의 1계 (필요) 조건을 계산한다.

$$\sum_{i=1}^{n} 2\left[Y_i - \left(\hat{a} + \hat{b} X_i\right)\right](-1) = 0 \rightarrow \sum_{i=1}^{n} Y_i = n\hat{a} + \hat{b}\sum_{i=1}^{n} X_i$$

$$\sum_{i=1}^{n} 2\left[Y_i - \left(\hat{a} + \hat{b} X_i\right)\right](-X_i) = 0 \rightarrow \sum_{i=1}^{n} X_i Y_i = \hat{a}\sum_{i=1}^{n} X_i + \hat{b}\sum_{i=1}^{n} X_i^2$$

첫 번째 등식에서 양변을 n으로 나누어 $\hat{a} = \overline{Y} - \hat{b}\overline{X}$를 도출한다. 이것을 두 번째 등식에 대입하여 정리하면 다음과 같다.

$$\sum_{i=1}^{n} X_i Y_i = (\overline{Y} - \hat{b}\overline{X})\sum_{i=1}^{n} X_i + \hat{b}\sum_{i=1}^{n} X_i^2$$

$$\sum_{i=1}^{n} X_i Y_i = \overline{Y}\sum_{i=1}^{n} X_i - \hat{b}\overline{X}\sum_{i=1}^{n} X_i + \hat{b}\sum_{i=1}^{n} X_i^2$$

$$\sum_{i=1}^{n} X_i Y_i - \overline{Y}\sum_{i=1}^{n} X_i = \hat{b}\left[\sum_{i=1}^{n} X_i^2 - \overline{X}\sum_{i=1}^{n} X_i\right]$$

$$\sum_{i=1}^{n} X_i Y_i - n\overline{X}\,\overline{Y} = \hat{b}\left[\sum_{i=1}^{n} X_i^2 - n\overline{X}\,\overline{X}\right]$$

그리고 다음 등식이 성립한다.

$$\begin{aligned}\sum_{i=1}^{n}\left(X_i - \overline{X}\right)\left(Y_i - \overline{Y}\right) &= \sum_{i=1}^{n}\left(X_i Y_i - X_i\overline{Y} - Y_i\overline{X} + \overline{X}\,\overline{Y}\right)\\ &= \sum_{i=1}^{n}\left(X_i Y_i - X_i\overline{Y} - Y_i\overline{X} + \overline{X}\,\overline{Y}\right)\\ &= \sum_{i=1}^{n} X_i Y_i - \sum_{i=1}^{n} X_i\overline{Y} - \sum_{i=1}^{n} Y_i\overline{X} + n\overline{X}\,\overline{Y}\\ &= \sum_{i=1}^{n} X_i Y_i - n\overline{X}\,\overline{Y}\end{aligned}$$

$$\sum_{i=1}^{n}(X_i-\overline{X})^2=\sum_{i=1}^{n}(X_i)^2-2\overline{X}\sum_{i=1}^{n}X_i+n\overline{X}\overline{X}$$
$$=\sum_{i=1}^{n}X_i^2-n\overline{X}\overline{X}$$

그러므로 계수 추정치를 도출할 수 있다.

$$\hat{b}=\frac{\sum_{i=1}^{n}(X_i-\overline{X})(Y_i-\overline{Y})}{\sum_{i=1}^{n}(X_i-\overline{X})^2}$$

만약 독립변수가 여럿이고 각 독립변수의 기울기를 추정해야 한다면 $\hat{b}$는 벡터가 되고, X는 행렬이 된다. 이러한 경우에도 독립변수가 하나인 경우와 비슷하게 기울기 추정치들의 벡터인 $\hat{b}=(X'X)^{-1}X'y$를 구할 수 있다.

5. 로그 변환된 변수는 원래 변수의 변화율에 근사한다. 회귀식의 기울기를 두 변수 변화율들의 비율로 보고 탄력성으로 해석한다.

제7장 기댓값과 표준오차

1. 동전 던지기 상자의 평균 0.5이고, 표준편차 0.5이다. 그러므로 표본횟수 기댓값은 $0.5 \times 100 = 50$이고, 표준오차는 $0.5\sqrt{100}=5$ 정도가 될 것이다.
2. 주사위 상자에서 평균은 3.5이고, 표준편차는 약 1.71이다. 그러므로 100번 관측한 숫자들의 평균으로 3.5를 예상하는데, 여기에 표준오차 $1.71/\sqrt{100}=0.171$정도가 있을 것으로 본다.
3. 상자에서 평균은 3이고, 표준편차는 2이다. 표본에서 관측치가

400개이므로, 표본합으로 1200을 예상하고, $2\sqrt{400}=40$ 정도의 표준오차가 있을 것으로 본다. 한편, 표본평균으로는 3을 예상하는데, 여기에 $2/\sqrt{400}=0.1$ 정도의 표준오차가 있을 것으로 본다.

4. 총 $2.28\times 900=2{,}052$명을 면담할 것으로 예상하는데, $1.67\sqrt{900}=50.1$명의 오차가 있을 것이다.
5. 큰 수의 법칙이란, 반복하여 표본을 만드는 시행의 횟수 R가 충분히 크면, 표본평균의 기댓값 $E[\overline{X}]$이 모평균 μ에 근사한다는 것이다. 한편, 중심극한정리란, 표본을 만드는 시행의 횟수가 이미 충분히 많은 상황에서, 개별 표본을 구성하는 추출의 횟수 n가 충분히 크면, 표본평균 $\overline{X}_n$의 분포가 정규분포에 근사한다는 것이다.

제8장 표본분포

1. 동전 던지기 상자의 평균 0.5이고, 표준편차 0.5이다. 동전을 10000번 던졌다면 앞면이 5000번 나올 것인데, 이러한 예상에 $0.5\sqrt{10000}=50$번의 오차가 있다. 앞면이 4,884번 나온 것을 표준화하면, $\frac{4884-5000}{50}=-2.32$이다. 이것보다 더 적게 나올 확률을 계산하면, 대략적으로 $\Pr[z\le -2.32]=0.5-0.49=0.01$이다. 즉 1% 정도의 확률로 4884회 또는 더 적은 횟수의 앞면이 나온다.
2. 주사위를 100번 던졌다면 3 또는 4 가 100/3 = 33.3번 나올 것이고, $\frac{\sqrt{2}}{3}\sqrt{100}=4.7$번 오차가 있다. 40회를 표준화하면, $\frac{40-33.3}{4.7}=1.42$이다. 이보다 더 클 확률을 계산하면, 대략적으

로 $r[1.42 \le z] = 0.5 - 0.42 = 0.08$이다. 즉 8% 확률로 주사위를 100번 던졌을 때 3 또는 4 가 40번보다 많이 나온다.

3. 주사위 상자에서 평균은 3.5 이고, 표준편차는 약 1.71 이다. 400회 던져서 나온 값들의 평균은 3.5로 예상하고, $1.71/\sqrt{400} = 0.0855$번 오차가 있을 것이다. 표본평균인 3.4, 3.6, 3.7을 각각 표준화하면, −1.17, 1.17, 2.34 가 된다. 그러므로 표본평균이 3.4와 3.5 사이에 분포할 확률은 $\Pr[-1.17 \le z \le 1.17] = 0.3790 \times 2 = 0.7580$이어서, 약 76%가 된다. 한편 표본평균이 3.7보다 클 확률은 $\Pr[2.34 \le z] = 0.5 - 0.4904 = 0.0096$이므로 약 1%가 된다.
4. 표본평균은 81,421 이고, 표본표준편차는 40이다. 표본평균의 표준오차는 4이다. 95% 신뢰구간을 계산하기 위해 표준오차에 1.96 을 곱하여 표본평균에 가감한다. 신뢰구간은 대략 [81,413, 81,429] 이 된다.
5. 모집단에서 찬성하는 비율이 99% 확률로 속할 구간을 찾으려면, 표본비율의 표준오차 0.0158에 2.58을 곱한 0.040764을 가감한다. 백분율로 환산하면 약 4.1%p이다.

제9장 유의성 검정

1. 유의수준 $\alpha = 0.01$로 가정한다. 종합소득금액, 남성, 수도권, 외부조정 등 독립변수에 따라 귀무가설을 설정한다. 예를 들어, 종합소득금액이 결정세액에 영향을 미치지 않는다는 귀무가설을 설정한다. 종합소득금액의 계수는 0.3690으로 추정되었고, 계수 추정치의 표준오차는 0.0004 정도이다. t−통계량은 1,050으로 매우 크고, p−값은 0.001보다도 작다. p−값이 유의수준 α 보다 작

으므로 귀무가설을 기각한다. 즉 종합소득금액이 결정세액에 유의한 영향을 미치는 것으로 보인다. 종합소득금액이 1만 원 증가할 때 결정세액이 0.3690만 원 증가하는 경향이 있다. 하지만 외부조정 지시변수를 보면, t-통계량은 0.56이고, p-값은 0.574이다. 유의수준 α 보다 p-값이 크므로 귀무가설을 기각하지 못한다. 즉 신고자의 외부조정 여부가 종합소득금액과 유의한 관련성을 보이지 않는다.

2. 유의수준 $\alpha = 0.01$로 가정한다. 로그 종합소득금액, 남성, 수도권, 외부조정 등 독립변수마다 p-값이 0.001보다 작다. p-값이 유의수준 α 보다 작으므로 귀무가설을 기각한다. 즉 각각의 독립변수가 로그 결정세액과 통계적으로 유의한 관련성을 보인다. 예를 들어, 종합소득금액이 1% 증가하면 결정세액은 1.516% 증가하는 경향이 있다.
3. 유의수준 $\alpha = 0.05$로 가정한다. 주세율 인상 전후로 1인당 평균세액에 변화가 없다고 귀무가설을 설정한다. 표본평균의 표준오차가 $228000/\sqrt{900} \approx 7600$이므로, z-통계량은 $(11000-0)/7600 \approx 1.45$이고, p-값은 $\Pr[1.45 \le |z|] = (0.5 - 0.4265) \times 2 = 0.147$이다. 유의수준 α 보다 p-값이 크므로 귀무가설을 기각하지 못한다. 즉 주세율 인상 전후로 1인당 평균 세액에 통계적으로 유의한 변화가 나타나지 않을 것으로 보인다.
4. 제1종 오류란 귀무가설이 참일 때 그 가설을 기각하는 것을 뜻한다. 형사 재판에서 무죄 추정의 원칙을 귀무가설 설정의 예로 해석할 수 있다. 피고인이 진실로 무죄인데 법정에서 유죄로 판단하는, 즉 귀무가설이 참인데 기각하는, 것이 제1종 오류의 예이다. 한편 제2종 오류란 귀무가설이 거짓일 때 그 가설을 기각하지 않

는 오류를 뜻한다. 병원에서 어떤 환자의 전염병 감염 여부를 진단하는데, 우선은 환자가 감염되지 않았다고 귀무가설을 설정할 수 있다. 이러한 맥락에서, 환자가 진실로 전염병에 감염되었는데 병원에서는 감염되지 않았다고 진단하는, 즉 귀무가설이 거짓인데 기각하지 않는, 것을 제2종 오류의 예로 생각할 수 있다. 두 종류의 오류 중에서 하나를 줄이려고 하면, 다른 오류의 가능성이 증가한다. 형사 재판에서 무죄 추정의 원칙을 엄격하게 적용하면, 즉 제1종 오류를 줄이려고 하면, 정말 범죄를 저지른 자들을 처벌하지 못하는 제2종 오류가 더 많이 일어날 것이다. 전염병 진단에서 확산을 방지하기 위해 감염 진단 후 환자들을 격리 조치하면, 감염되지 않았는데 억울하게 격리되는 환자들이 더 많이 생길 것이다.

5. 유의수준 $\alpha = 0.05$로 가정한다. 유연근무제 실시 전후로 결근일수에 변화가 없다고 귀무가설을 설정한다. 표본평균의 표준오차가 $5/\sqrt{400} = 0.25$이므로, z−통계량은 $(4.4 - 4.9)/0.25 = 2$이고, p−값은 $\Pr[2 \leq |z|] = (0.5 - 0.4772) \times 2 = 0.0456$이다. 유의수준 α보다 p−값이 작으므로 귀무가설을 기각한다. 즉 5% 유의수준에서 결근일수에 통계적으로 유의한 차이가 있다. 하지만 유의수준을 5% 보다 작게 설정하였다면, 귀무가설 기각 여부에 대한 판단이 다를 수 있다.

6. 독립적으로 추출한 두 개의 표본에서 표본평균의 차이가 유의한지 검정하므로, 복수표본 z−통계량을 이용한다. 검정 상자에서 표본평균의 표준오차는 9/15 = 0.6이다. 노랑 상자에서는 16/20 = 0.8이다. 두 표본평균의 차이는 51−49 = 2이다. 두 표본평균 차이의 표준오차는 $\sqrt{0.6^2 + 0.8^2} = 1$이다. 두 표본평균 사이에 차이가

없다는 귀무가설 하에서 복수표본 z-통계량은 2가 되고, p-값은 0.0456이 된다. 그러므로 5% 유의수준에서는 귀무가설을 기각한다. 하지만 1% 유의수준에서는 귀무가설을 기각하지 못한다. 유의수준을 어떻게 설정하느냐에 따라 두 표본평균에 차이가 있는지에 대한 판단이 다를 것이다.

저자 소개

홍성훈

서울대학교 경제학부 졸업

미국 밴더빌트대학교 경제학박사

한국조세재정연구원 연구위원

현재 서울시립대학교 세무학과 부교수

조세와 통계

초판발행 2025년 9월 30일

지은이 홍성훈
펴낸이 안종만 · 안상준

편 집 탁종민
기획/마케팅 장규식
표지디자인 BEN STORY
제 작 고철민 · 김원표

펴낸곳 (주) 박영사
서울특별시 금천구 가산디지털2로 53, 210호(가산동, 한라시그마밸리)
등록 1959. 3. 11. 제300-1959-1호(倫)
전 화 02)733-6771
f a x 02)736-4818
e-mail pys@pybook.co.kr
homepage www.pybook.co.kr
ISBN 979-11-303-2413-5 93320

정 가 18,000원